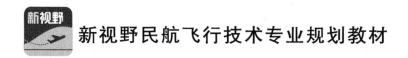

新视野民航飞行技术专业规划教材

航空机载仪表系统与设备

费玉华 编著

U0245536

北京航空航天大学出版社

内 容 简 介

本书本着本科学历教育与执照教育相结合的原则,依据学历教育与职业教育相结合的特点,在内容选取和结构安排上充分反映执照考试知识点的要求和飞行技术专业学历教育的理论需求,注重基本概念和相关理论的论述,并侧重阐述相关仪表的使用。全书内容共分为6章,主要对现代民航运输飞机的仪表系统与设备的功用、组成、原理及使用等内容进行阐述,涵盖了目前民航飞机上所应用的主要仪表和设备的相关内容。

本书适合作为飞行技术专业学历教育的教材,亦可作为飞行人员执照考试及民用航空管理和航空技术工程技术人员和航空爱好者的学习参考。

图书在版编目(CIP)数据

航空机载仪表系统与设备 / 费玉华编著. -- 北京：
北京航空航天大学出版社,2018.2
ISBN 978 - 7 - 5124 - 2664 - 1

Ⅰ. ①航… Ⅱ. ①费… Ⅲ. ①民用航空—机载设备—
教材 Ⅳ. ①V241

中国版本图书馆 CIP 数据核字(2018)第 032591 号

航空机载仪表系统与设备
费玉华 编著

责任编辑 王 瑛 潘晓丽
*
北京航空航天大学出版社出版发行

北京市海淀区学院路 37 号(邮编 100191)　http://www.buaapress.com.cn
发行部电话:(010)82317024　传真:(010)82328026
读者信箱: emsbook@buaacm.com.cn　邮购电话:(010)82316936
北京九州迅驰传媒文化有限公司印装　各地书店经销
*
开本:710×1 000　1/16　印张:14　字数:298 千字
2018 年 3 月第 1 版　2023 年 8 月第 5 次印刷　印数:3 501~4 500 册
ISBN 978 - 7 - 5124 - 2664 - 1　定价:45.00 元

前　　言

　　航空机载仪表系统与设备用来对飞机在飞行中的各种信息、指令和操纵进行测量、处理、传递、显示和控制等。如今的机载仪表系统与设备已成为保障飞机安全飞行和完成各种飞行任务所必需的设备。深入了解和掌握机载仪表系统与设备的基本知识和使用技能，是提高飞机驾驶技术和保证飞机安全飞行的必要基础。本书即为民用航空飞行技术专业飞行学员培训学习所用的专业入门教材。

　　作为北京航空航天大学飞行学院"飞行技术"专业系列规划教材，本书是按照规划教材的要求，依据飞行技术专业的培养目标，以中国民航《CCAR - 61 部 》和《CCAR - 141 部 》规章为依据，参考新版《航线运输驾驶员执照理论考试大纲（飞机）》和《私用驾驶员执照理论考试大纲（飞机）》的知识点要求，依据将本科学历教育和飞行学员执照教育有机结合的原则编写的专业基础教材和参考用书。

　　全书分为 6 章，较为详细地介绍了民航飞机常用仪表和设备的功能、原理和应用。第 1 章绪论，阐述了机载仪表系统与设备的相关知识，概述了航空仪表的概念、功用、分类、特性及驾驶舱仪表板的布局等。第 2 章发动机仪表与系统，阐述了常用的发动机压力表、温度表、转速表、油量表、推力表等的组成、结构和原理。第 3 章大气数据仪表，详细阐述了高度表、空速表、升降速度表的组成原理和使用；介绍了全静压系统、大气数据系统以及迎角传感器的结构和原理。第 4 章姿态和航向测量仪表，阐述了陀螺仪的概念、特性和分类；详细讲述了航空地平仪、转弯仪、姿态指引仪、磁罗盘、陀螺半罗盘和陀螺磁罗盘的组成、结构、工作原理和使用方法。第 5 章驾驶舱电子综合显示系统与设备，概述了航空电子综合显示的概念和发展历程；阐述了电子综合显示系统的组成、参数显示及其原理，介绍了现代民机上的电子综合显示系统。第 6 章惯性导航系统，阐述了惯性导航系统的概念、原理和分类并详细阐述了平台式和捷联式惯性导航系统的组成和工作原理；介绍了现代民机上的惯性导航系统及其使用并概述了组合导航系统等。为了配合教学知识点的学习，在第 2～6 章最后均附有一定数量的复习题。

　　作者在编写本书的过程中得到了北京航空航天大学高金源教授的指点和帮助，此外，得到了北京航空航天大学飞行学院领导的大力支持；南方航空公司飞行部相关领导和 380 分部田刚经理和秦泽机长等提供了有关资料，助力教材的编写，在此一并对他们表示衷心的感谢。

国际航空公司李拥军和南方航空公司高飞等专家对于全书的认真审阅有助于教材的完善,对此表示真诚的谢意。本书的出版得到了北京航空航天大学出版社的大力支持与帮助,在此对他们的帮助与支持表示衷心的感谢。

作者在编写本书过程中,学习和汲取了部分国内有关教材和资料的相关内容,受益匪浅,在此对相关资料的原作者表示真诚的谢意。

由于作者的专业水平和实际经验有限,书中疏漏及不足之处在所难免,恳请读者提出宝贵意见。

作　者

2017 年 12 月

目　　录

第**1**章

绪　论

　　本章主要介绍飞机上的仪表设备。除飞机本体及发动机之外的为实现安全飞行所需的机舱内的各种设备统称为机载设备。航空器上所用的仪表称为航空仪表。航空仪表的作用是测量、计算、自动调节航空器的运动状态以及动力装置的工作状态；此外，现代航空仪表和机载设备还为导航系统、自动飞行控制系统等设备提供各种输入信息。

　　飞机上的仪表及机载设备犹如飞机的"耳目"和"头脑"，正是有了这些航空仪表和现代化的的电子设备，飞行员才能安全、有效地完成各种复杂的飞行任务，现代的航空事业才得以飞速发展。

　　学习航空仪表的原理，掌握机载设备的正确使用方法，对于保障飞行安全、完成飞行任务具有非常重要的意义。

1.1　航空仪表的分类

　　飞机上的仪表种类繁多，其主要安装在驾驶舱仪表板和操纵台上。

　　航空仪表可有不同的分类方法。

　　如果按原理分类，可分为测量仪表、计算仪表和调节仪表；如果按结构分类，可分为膜盒仪表和陀螺仪表；如果按功用可以分为三类：驾驶领航仪表（或称飞行仪表）、发动机仪表和其他设备仪表（或称辅助仪表）。

　　用来反映或调节飞机运动状态的仪表，称为驾驶领航仪表。这类仪表主要包括：高度表、空速表、地平仪、磁罗盘、陀螺半罗盘、陀螺磁罗盘、罗盘系统、惯性导航系统和自动飞行系统等。这些仪表又可以划分为大气数据仪表、姿态仪表、航向仪表等几类。

　　用来检查或调节飞机动力装置的仪表，叫做发动机仪表。这类仪表主要包括：燃油(滑油)压力表、推力表、温度表、转速表、油量表、振动指示器等。

用来检查液压、冷气、氧气、座舱增压系统等其他设备工作状态的仪表,称为其他设备仪表。例如,弹簧管压力表、指位表、座舱高度表等。

从工作原理看,航空仪表又可分为测量仪表、计算仪表和调节仪表三类。

测量仪表是在感受被测物理量的基础上,经过转换(由一种物理量转换成另一种物理量)、传送(改变空间位置),然后指示其参数。它的工作过程如图1.1所示,包括感受、转换、传送、指示等几个环节。

图1.1 测量仪表的工作过程

目前飞机上使用的仪表大多属于测量仪表。

计算仪表必须按照一定的数学关系式,经过自动计算才能指示参数。它的工作过程(如图1.2所示)除上述几个环节外,还包括计算环节。

图1.2 计算仪表的工作过程

例如,大气数据计算机、惯性导航系统都属于计算仪表。

调节仪表是在测量和计算某一对象(如飞机的运动或工作状态)的基础上,对其进行自动调节(即自动控制),使其按预定的规律工作。自动驾驶仪就是一个典型的调节仪表。调节仪表的工作过程如图1.3所示。

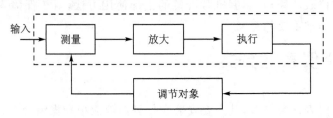

图1.3 调节仪表的工作过程

综上所述,航空仪表由感受、转换、传送、指示、计算、放大和执行等基本环节组成。但是,不是每个仪表都包括所有这些环节,而且各个环节的性质和所占的地位也不完全相同。

1.2 航空仪表的分布

航空仪表指示器主要安装在驾驶舱仪表板上,其他一些需要安装仪表的地方也有少量仪表,如燃油加油口处可能有油量表,客舱可能有客舱高度表等。传感器,即感受部分安装在便于准确测量被测参数的地方,如空速管装在机头附近,磁传感器安装在翼尖处等。其他装置,如处理器、放大器等电子设备,大多安装在电子设备舱。

航空仪表在仪表板上的分布,主要是为便于飞行人员迅速而全面地观察仪表。其一般具有三个特点:第一,重要仪表装在便于观察的地方;第二,测量同一参数或性质相近参数的仪表,排列在一起,以便互相比较;第三,所测参数性质不同,但有密切联系的仪表,排列在一起。此外,还要考虑到便于维护以及不影响仪表的性能,例如直读磁罗盘不应靠近电动仪表,以免产生较大的罗差。

自20世纪20年代中期以来,一些原始飞行仪表陆续装备在飞机驾驶舱,这些仪表主要包括:磁罗盘、气压式高度表、油量表、油压表、时钟、转弯和侧滑指示器等,这些仪表的安装尚没有标准化。

20世纪50年代,即活塞发动机时代,以二战末期设计和制造的汉德利·佩季公司的"海尔梅斯"(Hemes)飞机的驾驶舱为例,采用了5名机组人员,分别是机长、副驾驶、导航员、飞行工程师和无线电操作员。驾驶舱的主要飞行仪表按照"基本6件"排列。仪表分两层排列:上层自左向右依次为空速表、航空地平仪和升降速度表;下层自左至右依次为转弯和倾斜指示器、航向指示器和高度表;上、下层的中间分别为航空地平仪和航向指示器。在"基本6件"型仪表组的左侧,备选安装了一部仪表着陆系统(ILS),用于指示飞机偏离ILS下滑道和着陆定向信标波束的纵向和横向偏差;还有一部近距离雷达高度表和一部测距仪(DME),雷达高度表用于提供进近着陆过程中更高精度的高度指示,测距仪用于指示到位与跑道入口的ILS收发机的距离。

图1.4和图1.5所示分别为塞斯纳C-152和PA-28仪表板布局图。

图1.4 塞斯纳C-152仪表板布局

图1.5 PA-28仪表板布局

驾驶舱仪表的多少还与驾驶人员的多少有关。至20世纪70年代,进入喷气式飞机时代,刚刚推入时的波音747飞机驾驶舱拥有了一整套传统机电式仪表,机组人员包括3人,即机长、副驾驶和飞行工程师。驾驶舱仪表的配置也为基本型。虽然主飞行仪表的基本原理保持不变,但仪表组的布局却由"基本6件"型向"基本T"型发展,即 4 块仪表:航空地平仪在中间,两侧分别是空速表和高度表,下面是航向罗盘,这四块表排成了"T"型。目前"基本 T"型布局已在所有机电式仪表式民用运输机上普遍采用。

如今的波音 747 机组人员已改为 2 人驾驶,即由机长和副驾驶组成。对于这种有正、副驾驶员的飞机,飞行仪表有两套,分别安装在左、右仪表板上(即正、副驾驶员正前方的仪表板上);发动机仪表安装在中央仪表板上,以便正、副驾驶员观看;其他仪表安装在顶部仪表板和操纵台上。

如果飞机配有随机工程师和领航员,则在随机工程师仪表板上装有发动机仪表和飞机的一些操纵系统的动力设备仪表,在领航员仪表板上装有领航员用的领航仪表。

今天的民用客机,以波音 747 - 400 为例,其已拥有一个完全综合、由 6 台矩阵液晶显示器组成的玻璃驾驶舱,仪表板布局如图 1.6 所示。正、副驾驶员的正前方是彩色的主飞行姿态指引仪(PFD),保留了由空速表和高度表构成的"基本 T"型布局。PFD 的侧面是导航显示器(ND),ND 提供了两种显示格式类型:一种是罗盘刻度环格式,保持了原有机电 HIS 罗盘刻度环的格式;另一种是地图格式,实时显示了用当前位置更新的拟定路线。中间是发动机指示与机组告警系统(EICAS),其中发动机指示系统除了保持机电发动机仪表的指示功能外,还可用来显示全机的告警信息,如图 1.6 所示。

图 1.6 B747 - 400 仪表板布局

1.3 航空仪表的发展历程

航空仪表用于对物理参数进行测量和显示。航空仪表的发展大体经历了机械仪表、电气仪表、机电伺服仪表、综合指示仪表和电子显示仪表五个阶段。

1. 机械仪表阶段

从 1903 年 12 月 7 日第一架带有动力的"飞行者"1 号飞机的诞生到第一次世界大战,飞机采用的是敞开式座舱,机上仪表很少,仪表板上仅安装有简单的机械和电气飞行仪表,例如,通过测量全压和静压差来确定空速的膜盒式空速表;通过测量飞机所在高度大气压力的气压式高度表;利用自由磁棒跟踪地磁子午线的磁罗盘;通过测量大气压力变化率来确定垂直速度的升降速度表;钟表式的发动机转速表和浮子燃油油量表等。这些仪表比较简陋,所以指示只起参考作用,飞行员基本上凭自己的耳、目和感觉飞行。

第一次世界大战,推动了飞机的发展,也带来了飞行仪表的快速发展。1920 年以后,伴随着陀螺仪的研制成功,陀螺仪表,即航向和姿态等传感器性,能的提高使得飞行指引仪表有了快速发展。20 世纪 20 年代后出现了转弯仪、地平仪和航向陀螺仪,这是飞机仪表发展史上的重大进步。这样,驾驶员在驾驶飞机的过程中,即使看不到地标,依靠这些仪表,也能正确驾驶飞机在各种气候条件下,进行"盲目飞行"。由于远距离飞行的需要,航迹纪录仪和气动液压式自动驾驶仪也应运而生。

综上所述,这个时期的航空仪表处于航空发展史上的第一阶段,即"机械仪表"阶段。概括起来,就结构来讲,这些仪表均为单个整体直读式结构,属机械式仪表,主要由敏感部分、机械部分和指示部分组成,如图 1.7 所示。

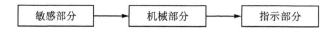

图 1.7 机械式仪表的基本结构

这一时期的仪表最大优点是结构简单、工作可靠、成本低廉;缺点是灵敏度低,误差大。因此有的仪表至今仍在许多小型飞机上使用,并作为大型飞机的备用仪表。

2. 电器仪表阶段

20 世纪 30 年代以后,随着电气、电子技术和计算技术等近代科学技术的发展,航空仪表进入了"电气仪表"阶段。20 世纪 40 年代后期,随着航空业进入喷气机时代,相应的各种无线电导航、自助式导航和仪表着陆系统获得了飞速发展,大大提高了飞机空中定向、定位和飞行引导的精度和夜间及恶劣气候条件下起飞与着陆的准确性和安全性。

这时期仪表的特点是圆满地解决了非电量转换为电量和电气远距离传送两个主要问题,就结构而言,主要由敏感部分、电信号传输部分、机械传动部分和指示部分组成,如图 1.8 所示。

这个时期研制并投入使用的代表性仪表有:远读磁罗盘,远读地平仪,一批电气

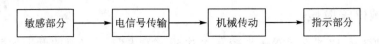

图1.8　电器仪表基本组成结构

发动机仪表,惯性导航装置,无线电高度表,无线电罗盘和电动、电液式自动驾驶仪等。特别值得提出的是自动驾驶仪的电气化,不仅提高了控制飞机角运动的质量,而且也为自动、半自动控制飞机的飞行轨迹奠定了基础。电气化仪表的优点是提高了反应速度及准确度,增加了传送距离,减少了干扰且体积小。缺点是较为复杂;随着部件的增多,可靠性有所降低。

随着旋转变压器、伺服电机和随动系统技术的发展以及陀螺性能的提高,为机电伺服仪表的出现创造了有力的条件。

3. 机电伺服仪表阶段

机电伺服仪表是一种利用小功率伺服系统带动指示装置的一种指示器。如图1.9所示,由于采用了可自行调节的闭环伺服系统,指示信号可远距离传播,显示精度也随之提高且显示器多种多样,所以在航空仪表中获得了广泛的应用。

图1.9　机电伺服仪表的基本原理

这类仪表的优点是信号能量放大了,提高了精度及负载能力,有利于综合化、自动化。缺点是结构复杂、成本高。

4. 综合指示仪表阶段

机电伺服仪表相对机械和电气仪表来讲在指示精度、指示形式等方面都是一个很大的进步,但是随着飞机上各种电子设备和输出信息的增多,仪表板上的各种仪表设备日益增多,驾驶员目不暇接。为了减轻飞行员的负担,人们对仪表的准确性、可靠性和自动化程度提出了更高的要求。20世纪50年代以后,航空仪表进入了"综合指示仪表"阶段。综合自动化仪表在三个方面对航空仪表进行了改进:第一,将功用相同或原理相近的仪表指示器组合,形成统一指示综合仪表;第二,将多种分散的信号自动综合起来,并经过处理,直接产生操纵信号(指令);第三,将自动驾驶仪和多种测量装置交联起来,扩大了飞机操纵自动化的范围,缩短了仪表观察的时间。这个时期的代表性仪表有:罗盘系统,飞行指令仪表,大气数据计算机系统,惯性导航系统,自动飞行系统等。随着电子技术的发展,从20世纪60年代起,利用荧光屏显示的平

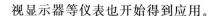

视显示器等仪表也开始得到应用。

5. 电子显示仪表阶段

20世纪70年代,航空仪表进入了"电子显示"仪表阶段。这一电子显示仪表阶段的特点是电子屏幕显示和综合数字化显示。电子显示仪表采用彩色阴极射线管(CRT)或液晶显示器(LCD),并且广泛使用微处理器进行信息处理,从而使航空仪表发生了革命性的变化。

电子显示仪表采用多种颜色的图形、符号和文字向飞行员提供信息,具有很强的直观性和很大的信息量;电子显示器采用时分制,可以在不同飞行阶段显示不同信息,也可以由飞行员人工选择需要的显示内容,这就大大减少了仪表数量(可减少50%以上),改善了人机工效;电子显示器具有集中的状态显示、故障告警及维修指示,提高了自动化程度,减轻了飞行员的工作负荷,座舱空勤人员也由3人制减少到2人制;电子显示器还可以互为余度(互相备用),具有很高的可靠性。现代飞机驾驶员已经逐步开始从紧张、繁重的驾驶劳动中解放出来,成为座舱资源的管理者。

随着航空仪表的革命性变化,新一代民航机进入了综合电子显示系统时代。民航机驾驶舱从传统的驾驶舱发展到玻璃驾驶舱;驾驶舱由采用多个阴极射线管(CRT)显示的显示器发展到采用大型液晶显示,并伴有合成视景系统的巨大显示界面的显示器,目前已经发展到了第三代玻璃驾驶舱。随着电子飞行仪表的逐渐应用,自20世纪70年代起,多功能显示器陆续在军机和民机上获得了应用。随之,具有多功能下视显示器各种显示功能的平视显示器也在军机上并开始在民机上获得了应用,使得驾驶员在观察飞机前方的同时,也能看到飞行数据,解决了内饰和外事的矛盾,实现了平视飞行。

图1.10~图1.17所示为几个不同时期的民机座舱显示图,它反映了航空仪表的发展过程。

航空仪表由最初的分立式仪表、联合式仪表,到现在广泛应用于现代民机的电子综合显示仪表,经历了半个世纪,取得了令人瞩目的成绩。随着综合化水平的提高,系统将具有更强的功能、更好的适应不同需求的能力。随着航空事业的飞速发展,航空电子系统在飞机上的比重越来越大,成本越来越高,对技术的要求也越来越高,例如具有显示视频图像和各种字母符号信息的多功能显示器,全景座舱控制显示系统,语音控制、触摸显示键盘控制等新的技术将陆续得到应用,航空电子技术的综合程度将不断提高和完善。模块化、通用化、智能化和综合化将是未来航空仪表及机载设备发展的主旋律。

图 1.10 第一次世界大战时期座舱显示

图 1.11 非综合显示座舱

图 1.12 B747 驾驶舱显示

图 1.13 B777 驾驶舱显示

图 1.14　A320 驾驶舱显示

图 1.15　A340 驾驶舱显示

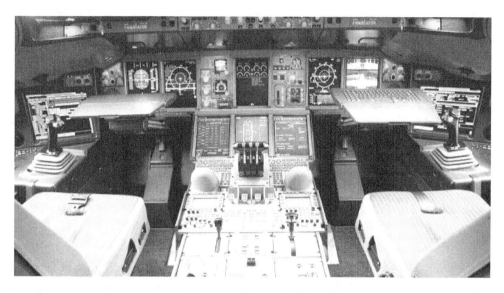

图 1.16 空客 380 驾驶舱

图 1.17 波音 787 驾驶舱

第 2 章

发动机仪表与系统

　　发动机仪表与传感器是用于测量发动机工作状态,为飞行员和发动机自动控制系统提供信息的重要机载设备。自 20 世纪 70 年代末开始,现代民航机上开始装备先进的电子综合显示设备、发动机指示与机组告警系统。本章主要介绍发动机仪表,发动机指示与机组告警系统将放到电子综合显示系统中介绍。

　　欲了解发动机的工作状态,需要测量很多的发动机工作参数。根据被测量参数的性质,发动机仪表大致可以分为:测量压力的仪表、测量温度的仪表、测量转速的仪表、测量油量的仪表和测量振动的仪表等。本章主要介绍压力、温度、转速和流量的测量原理、相应仪表的组成和基本的工作原理及现代民用客机上的发动机工作状态参数显示系统。

2.1　压力表

2.1.1　压力测量

1. 压力的种类

　　物理中,流量介质垂直作用在单位面积上的力称为压强,工程上则称为压力。

　　工程上压力有以下几种:

　　(1) 绝对压力 P_a

　　流体介质所处空间的全部压力,即相对于绝对零压力而测得的流体介质的压力称为绝对压力。

　　(2) 相对压力 P_g

　　相对压力为绝对压力 P_a 与当地大气压力 P_0 之差,即相对当地大气压力所测得的压力。

$$P_g = P_a - P_0 \qquad (2-1)$$

相对压力也称为表压力。当绝对压力大于当地大气压力时,表压力为正表压;当绝对压力小于当地大气压力时,表压力为负表压。

(3) 真空 P_v

习惯上将负表压称为真空。真空度一般用绝对压力表示。绝对压力愈小,负表压的绝对值愈大,真空度愈高。

$$P_v = |P_a - P_0| \qquad (2-2)$$

(4) 差　压 ΔP

差压又称为压差,为任意两个压力之差。即

$$\Delta P = |P_1 - P_2| \qquad (2-3)$$

2. 单位的计量压力

在国际单位制[SI]中,压力的单位为牛/米^2(N/m^2)。该单位又称为帕斯卡(Pa),简称为帕,是国际制单位,也是我国国标中规定的法定计量单位。1 Pa 约等于 0.1 mm 水柱高所产生的压力。

由于各单位制的不同以及历史状况的差异,我国和国际上也曾使用过其他的压力单位,如标准大气压(atm)、工程大气压(at)、巴(bar)、毫米液柱(mmH$_2$O、mmHg)、托(Torr)和磅/英寸^2(PSI)等压力计量单位。

为使用方便,将国际制压力计量单位和曾使用过的各种计量单位的换算关系列为表,如表 2-1 所列。

表 2-1　压力计量单位换算法

单位名称	帕斯卡(Pa)/ N·m^{-2}	巴(bar)/ dyn·cm^{-2}	标准大气压(atm)	工程大气压(at)/ kgf·cm^{-2}	毫米汞柱(mmHg)(0 ℃)	毫米水柱(mmH$_2$O)(4 ℃)	磅/英寸^2(PSI)
1 帕	1	1×10^{-5}	$0.986\ 923\ 6 \times10^{-5}$	$1.019\ 716 \times10^{-5}$	$0.750\ 06 \times10^{-2}$	$1.019\ 716 \times10^{-1}$	$1.450\ 442 \times10^{-4}$
1 巴	1×10^{5}	1	$0.986\ 923\ 6$	$1.019\ 716$	$0.750\ 06 \times10^{3}$	$1.019\ 716 \times10^{4}$	$1.450\ 442 \times10$
1 标准大气压	$1.013\ 25 \times10^{5}$	$1.013\ 25$	1	$1.033\ 2$	0.76×10^{2}	$1.033\ 2 \times10^{4}$	$1.469\ 6 \times10$
1 工程大气压	$0.980\ 665 \times10^{5}$	$0.980\ 665$	$0.967\ 8$	1	$0.735\ 56 \times10^{2}$	1×10^{4}	$1.422\ 389 \times10$
1 毫米汞柱	$1.333\ 224 \times10^{2}$	$1.333\ 224 \times10^{-3}$	1.316×10^{-3}	$1.359\ 51 \times10^{-3}$	1	$1.359\ 51 \times10$	1.934×10^{-2}

单位名称	帕斯卡(Pa)/ N·m^{-2}	巴(bar)/ dyn·cm^{-2}	标准大气压(atm)	工程大气压(at)/ kgf·cm^{-2}	毫米汞柱 (mmHg) (0 ℃)	毫米水柱 (mmH$_2$O) (4 ℃)	磅/英寸^2 (PSI)
1毫米水柱	0.980 665 ×10	0.980 665 ×10^{-4}	0.967 8 ×10^{-4}	1×10^{-4}	0.735 56 ×10^{-1}	1	1.422 3 ×10^{-3}
1 磅/英寸^2	0.689 49 ×10^4	0.689 49 ×10^{-1}	0.680 5 ×10^{-1}	0.703 07 ×10^{-1}	0.517 15 ×10^2	0.703 07 ×10^3	1

3. 测量压力的方法

常用测量压力的方法如下：

① 基于与重力相比较的测压方法,例如用流体的净重与压力相平衡的原理测量压力,如常用于实验室作压力计量标定设备的液柱压力计等。

② 利用弹性敏感元件感受被测压力后的一些特性来测量压力,通常有以下几种：

➤ 利用弹性敏感元件的压力位移特性测量压力；

➤ 利用弹性敏感元件的应力应变特性测量压力；

➤ 利用弹性敏感元件的压力集中力特性测量压力；

➤ 利用弹性敏感元件的压力谐振频率特性测量压力。

③ 利用某些物质在被测压力作用下的特性变化来测量压力,如电离式真空计等。

2.1.2 压力弹性敏感元件介绍

常用于压力测量的压力弹性敏感元件有平膜片、波纹膜片、波纹膜盒、波纹膜盒组、波纹管等,如图 2.1 所示。

用来制作压力弹性敏感元件的材料应具有强度高、有高的冲击韧性和疲劳极限；弹性模量的温度系数小而稳定、热膨胀系数小；热处理后应具有均匀稳定的组织、抗氧化、抗腐蚀及弹性迟滞小等特性。

常用的材料有金属材料和非金属材料两大类。

金属材料有铜基高弹性合金,如黄铜、钛青铜；铁基和镍基等高弹性合金、恒弹合金等。

非金属材料有石英、陶瓷和半导体硅等。

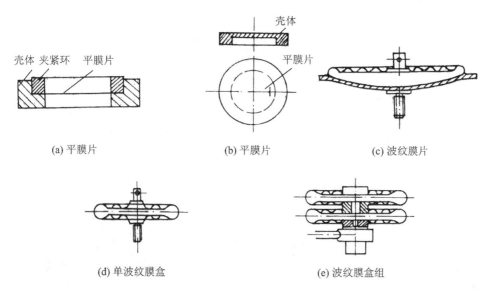

(a) 平膜片　　　　　(b) 平膜片　　　　　(c) 波纹膜片

(d) 单波纹膜盒　　　　　　　(e) 波纹膜盒组

图 2.1　常用的压力弹性敏感元件

2.1.3　利用弹性敏感元件测量压力的电动压力表

利用弹性敏感元件在压力作用下产生相应位移的特性,经过各种信号转换元件的信号变换可以构成各种类型的压力表和传感器。本节介绍两种采用不同信号转换元件的电动压力表。电动压力表可以用来测量燃油的压力、滑油的压力、螺旋桨扭矩以及储油器压力等。电动压力表可分为直流两线式压力表、交流两线式压力表和交流电动式压力表等多种形式。

1. 直流二线式压力表

直流两线式压力表由传感器和指示器两部分组成,如图 2.2 所示。

传感器主要由压力弹性敏感元件和信号转换元件两部分组成。弹性敏感元件由膜片或膜盒组成;当被测压力大时用膜片,当被测压力小时则采用膜盒。信号转换元件为电位计,用来将敏感元件的位移转换成电阻或电压信号。

指示器为一两线框动铁式电流比值表,用于指示被测的压力。图 2.3 所示的指示器的刻度范围为 $0\sim15 \text{ kg/cm}^2$。

如图 2.2 所示的原理电路为一个半对角线的电桥,电阻 R_1、R_2 为电桥的固定臂阻;电阻 R_x、R_y 为电桥的可变臂阻;温度补偿电阻 R_3+R_4 为电桥的半对角线;Ⅰ、Ⅱ 两线框是电桥对角线;电阻 R_5 为Ⅱ线框的补偿电阻,用以使 AB、BC 的电阻相等。

当所测量的压力增大时,电刷 D 向下移动,电阻 R_x 增大、R_y 减小,其中 A 点电位升高,C 点电位降低;在 B 点电位基本保持不变的情况下,流过Ⅱ线框的电流增大,流过Ⅰ线框的电流减小,两线框产生的合成磁场方向顺时针转过一个角度;指示器的

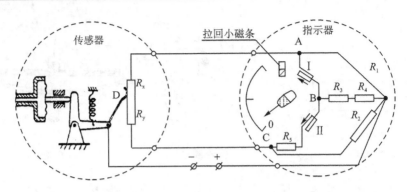

图 2.2　直流二线式压力表电原理图

指针装在一个活动的小磁铁上,磁铁的转动受两线框产生的合成磁场控制,所以小磁铁带动指针也随同转动到合成磁场的方向上,指针在刻度盘上指示出大的压力。

图 2.3　指示器表盘

当所测量的压力减小时,电刷 D 向上移动,电阻 R_x 减小、R_y 增大,指示其中的 A 点电位降低,C 点电位升高;流过 Ⅱ 线框的电流减小,流过 Ⅰ 线框的电流增大,合成磁场方向逆时针转一个角度,指针在刻度盘上指示出较小的压力。

当被测压力为零时,指针指零。

综上所述,传感器中的膜片在压力的作用下产生位移,使电位计的电阻改变,从而改变了指示器中两线框的电流比值,使指针转动,在刻度盘上指示出相应的压力。

直流电动压力表由于电刷和电阻之间存在着摩擦和接触不良,可能使指针摆动,所以会影响仪表正常工作。

在飞机上,直流两线式压力表多用于燃油压力、滑油压力的测量。

2. 交流二线式压力表

为了克服直流电动压力表的缺点,目前飞机上大多采用交流电动压力表。这种压力表的传感器没有接触摩擦,工作可靠性好。

交流二线式压力表也由传感器和指示器两部分组成,如图 2.4 所示。

交流二线式压力表的传感器主要包括膜片和变换器两部分,变换器用于将位移转换成电感。指示器与直流二线式指示器相似,只是增加了 2 支二极管用于交流半波整流。

交流二线式压力表通过传感器中的弹性膜片在压力作用下产生的位移来改变活动衔铁和固定铁心之间的相对位置,即通过改变固定铁心上两线圈的感抗来改变指示器两线框的电流比值、使指针偏转,来指示相应压力。

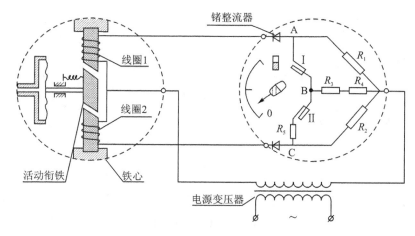

图 2.4　交流二线式压力表

如图 2.4 所示,当被测压力较小时,活动衔铁与线圈 2 的铁心之间间隙变小,与线圈 1 的铁心之间的间隙变大,线圈 2 的感抗大于线圈 1 的感抗。因此,电桥中 A 点电位低、C 点电位高,在 B 点电位基本保持不变的情况下,Ⅰ 线框的电流大于 Ⅱ 线框的电流,其结果,活动磁铁带动指针转动,指示出较小的压力。

当被测压力增大时,膨胀的膜片带动活动衔铁向右移动,其结果是线圈 2 的感抗逐渐大于线圈 1 的感抗。电桥中 A 点电位高于 C 点电位,在 B 点电位基本保持不变的情况下,Ⅰ 线框的电流小于 Ⅱ 线框的电流,合成磁场方向沿顺时针转动,相应地,指针指示出较大的压力。

图 2.5 所示为一种双针压力表,测量范围为 $0 \sim 150 \ \text{kg/cm}^2$。

在飞机上,交流两线式压力表除了用于燃油压力、滑油压力的测量外,还常用于测量螺旋桨的扭矩、储压器的压力以及刹车压力等。

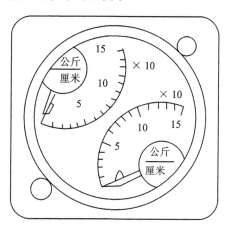

图 2.5　双指针压力表表盘

3. 交流电动式压力表

交流电动式压力表的原理电路如图 2.6 所示。

交流式压力表的原理电路为一个交流电桥。其压力传感器的两个可变电感 L_1、L_2 和指示器中两个固定电感 L_3 和 L_4 组成四个桥臂,指示器的活动线圈 L_5 接在一条对角线上。传感器为一个电感式变换器,用于将压力转变成电感量。指示器为一

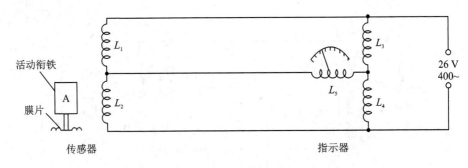

图 2.6 交流电动式压力表的原理电路图

电动式电流表(见图 2.6)。电流表的磁场线圈 L_3 安装在铁芯颈部,活动线圈 L_5 可以沿铁芯转动,指针安装在活动线圈上,通过游丝向线圈供电。活动线圈分别由测量电路输入电压和磁场线圈的交流磁场感应产生感应电压。当输入电压大于感应电压时,产生输入电流,并在磁场作用下产生吸引力矩使活动线圈顺时针转动,同时感应电压逐渐增大;当输入电压等于感应电压时,活动线圈停止转动;当输入电压小于感应电压时,产生感应电流并在排斥力矩作用下反时针转动,同时感应电压逐渐减小;当两电压相等时,指针稳定。

当仪表通电,被测压力为零时,电桥接近平衡,输入活动线圈的电压很小,感应电压大于输入电压,指针转动并稳定在零位。当被测压力增大时,膜片变形,活动衔铁逐渐离开 L_2,靠近 L_1,L_2 感抗减小,L_4 感抗增大,电桥不平衡,输入活动线圈 L_5 的电压增大,顺时针转动,直到指示被测压力。

图 2.7 所示为一种滑油压力表表面。刻度范围,绿色弧线为正常工作区,红色径向线表示滑油压力过低。

图 2.7 滑油压力表表盘

2.1.4 进气压力表

进气压力表是用于可变桨距活塞发动机飞机动力测量的最精确的仪表,用于测量进气道的油气混合压力,与测量发动机转速的转速表一起配合使用。进气压力表也是精确易读的发动机功率测量仪表,进气压力表的表盘如图 2.8 所示。

使用中,进气压力表具有多种形式,其中一种是用于测量发动机增压器部分或进气道部分压力的仪表,采用的是弯曲的、曲度可变的波登管。管子的一端与壳体固连,另一端与仪表指针的机械部分相连接。当压力变化时,波登管的曲度改变并通过毛细管传送给指示器。另一种类型的进气压力表使用的是真空管或真空室,其一端用隔膜片密封,感应的压力以电子或机械方式在指示器上显示。

实际应用中,当飞机停放或发动机停止工作时,进气压力表可用于测量周围的空气压力;而当飞行过程中,进气压力表将显示飞行高度的空气压力以及空速冲压效应在进气道引起的压力。鉴于此,当发动机停车时,进气压力表所显示的压力则不为零。

图 2.8　进气压力表表盘

2.2　转速表

2.2.1　转速测量

旋转体旋转的速度称为转速,通常转速以每分钟内的转数(r/min)来表示。

转速的测量方法有多种。依据测量方法的不同,转速表可以分为机械式、电气式和数字式三类。

1. 机械式转速表

机械式转速表是将转速转变成转角的一种测量装置。包括磁转速表、磁电式转速表等。

2. 电气式转速表

电气式转速表为一种把转动的机械能转换成电信号的机电装置。具体的有控制领域常用的测速发电机等。测速发电机可分为交流测速发电机和直流测速发电机两种。

3. 数字式转速表

数字式转速表由传感器和转速指示器组成。前者用来将被测的转速转换成相应的脉冲信号频率,后者为频率(或周期)测量和显示装置。

数字式转速传感器包括磁电感应式转速传感器、磁敏式转速传感器、霍尔式转速传感器和光电式转速传感器等。

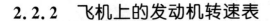

2.2.2 飞机上的发动机转速表

1. 活塞发动机的转速测量仪表

在轻型固定桨距发动机上,主要采用转速仪来作为动力指示仪表。这种发动机的转速测量系统有机械式和电子式两种类型。

机械式转速仪包括一个发动机凸轮轴驱动的传动装置和指示器,传动装置通过电缆与仪表板上的指示器相连。指示器指示发动机每分钟的转数,主要计量发动机的输出功率;指示器通常还包含一个计数器,用于记录发动机的工作小时数。

电子式转速仪由一个交流发生器和直流指示器组成。发生器是一个简单的机械感应装置,其输出频率由发动机的转速决定。指示器为一个小的毫伏表,置于仪表面板上。表内置有一个转换器,当发动机的转速低于 100 r/min 时,发生器输出的电压使得转换器铁心达到饱和,这样,次级线圈上的电压就取决于初级线圈的频率。交流电压由内置部件整流,变成直流电压信号并转换成毫伏表指针的位移,即可指示发动机每分钟的转数。

2. 涡轮发动机转速表

涡轮发动机转速表用来测量发动机曲轴、涡轮轴或直升机旋翼轴的转速。转速表是一种重要的发动机仪表。通过测量发动机主轴的转速,可以确定发动机各部件所承受的动载荷;通过测量转速和其他有关参数,也可用来计算发动机的功率和推力。

涡轮发动机采用转速表来显示涡轮转子的转速,是其功率的主要指示仪表。目前飞机上广泛使用的转速表有磁转速表和磁电式转速表等。

(1) 磁转速表

磁转速表由传感器和指示器组成,其原理电路图如图 2.9 所示。

传感器为一个永磁式三相交流发电机。发电机的转子经传动机构直接由发动机曲轴或涡轮轴带动。三相交流电的频率与转子的转速,即与发动机曲轴或涡轮轴转速成正比。

指示器主要由同步电动机、涡轮电磁转换器、指示器等部分组成。

发动机工作时,传感器产生三相交流电,其频率与发动机曲轴或涡轮轴转速成正比。三相交流电输送到指示器的同步电动机,使其转子同步旋转。同步电动机又带动转动磁铁组旋转,并使涡轮盘产生涡流。涡流与磁场相互作用,产生大小与转动磁铁组的转速成比例的电磁力矩。在该电磁力矩的作用下,涡流盘随转动磁铁组同向转动。当该力矩与游丝的反作用力矩相平衡时,涡轮盘停止转动,此时涡流盘的转角与涡流电磁力矩成正比,即与发动机转速成正比。同时,指针在刻度盘上指示出发动

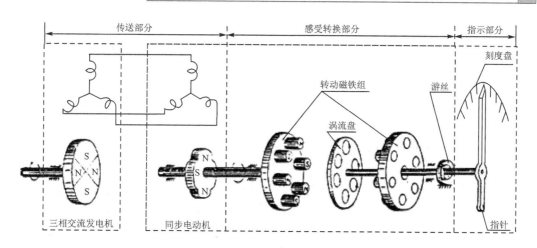

图 2.9　磁转速表的基本原理

机的转速。

涡轮发动机的转速表一般为磁转速表。由于涡轮发动机的转速较高,一般可达到 40 000 r/min,所以转速表的指示以当前转速占最大转速的百分比来表示。大型涡轮发动机两个转子,需要 N1 和 N2 两个转速表,N1 用于测量前转子的转速,N2 用于测量后转子的转速。指示器的显示范围为 0～110%,采用两个指针指示,其中一个是另一个的标度细分,在发动机启动速度较慢时,能够精确显示数据,便于飞行员准确地调节发动机的动力输出。

转速表使用绿色和红色的刻度作为标记,上方为工作上限,即允许的最大转速值,通常设为 100%。

由于转速表可生成自身电力,所以当飞机出现供电故障时,转速表仍能继续工作。

(2) 磁电式转速表

磁电式转速表主要由导磁齿轮、磁电感应式传感器和指示器组成。

磁电式转速表的测量原理如图 2.10 所示。

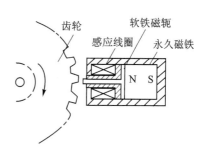

图 2.10　磁电式转速表基本原理

导磁齿轮与发动机转轴相连接,传感器固定安装在导磁齿轮旁边。当发动机工作时,带动齿轮盘转动。导磁齿间隔地闭合或断开传感器磁路,其磁阻周期性地交替变化,磁通量也随之变化,从而在感应线圈上产生感应电动势,电动势的频率 f 与转速 n 和齿盘齿数 z 成正比,即

$$f = \frac{nz}{60} \qquad (2-4)$$

由此可见,在齿数一定时通过测量电动势的频率即可测得转速。

2.3 推力表

推力表是了解涡轮喷气发动机功率的关键仪表。飞行员根据推力表的指示调节油门,可以在不同飞行阶段保持发动机应有的推力。

目前,推力大多是通过间接测量的方法来获得的。由于推力与发动机进口压力和涡轮出口压力有关,与风扇转速有关,因此测量推力的仪表有压力比表、压力差表和转速表等。现在民航机大多使用压力比表和转速表,由于转速表在前面相关章节已经介绍,所以本节只阐述压力比表。

发动机压力比表是通过机械解算得到再传输给指示器的,所以首先阐述发动机压力比与推力的关系。

2.3.1 发动机压力比与推力的关系

根据喷气发动机原理,推力为气体给发动机的反作用力,它的大小即等于发动机给气体的作用力。这个力的大小,取决于压力机进口的全压和涡轮出口的全压(或涡轮出口和风扇出口的综合压力)以及飞行速度。也就是说,推力是压力和飞行马赫数的函数,即

$$R = f\left(\frac{P_{T1}}{P_{T2}}, Ma\right) \qquad (2-5)$$

式中,R 为推力;P_{T1} 为涡轮出口全压;P_{T2} 为压气机进口全压;Ma 为飞行马赫数。

上述参数的关系可以用图形表示,如图 2.11 所示。从图中可见,当飞行马赫数

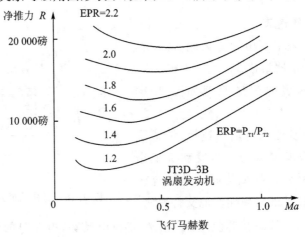

图 2.11 推力与压力比、马赫数的关系

不变时,发动机的推力只与压力比(P_{T1}/P_{T2})有关。测量这个压力比,即可反映发动机的推力。

2.3.2 压力比表工作原理

压力比表又称 EPR 表(Enginepressur Ratio Gauge),是通过测量发动机涡轮排气全压与压力机进气全压比值,从而反映发动机推力的仪表。

压力比表由传感器和指示器两部分组成。常用的传感器有电容式变换器和电感式变换器两种。图 2.12 所示为一种采用电容式变换器的 EPR 表的原理电路图。

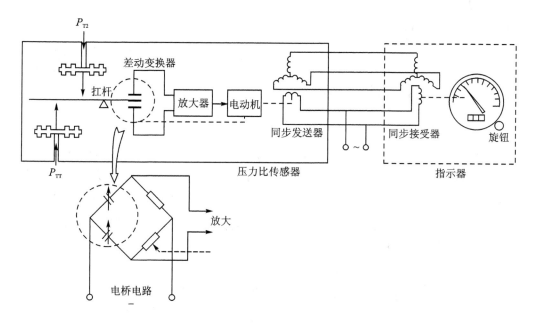

图 2.12 压力比表原理电路

传感器由两只开口膜盒、差动电容变换器、同步发送器等组成。指示器由同步接收器、指示机构、测定旋钮等组成。

发动机工作时,涡轮排气全压和压力机进气全压分别通入两个开口膜盒,在压力作用下膜盒产生位移。膜盒的位移使杠杆按压力比值转动。杠杆又带动差动电容器的动极板移动,使一个电容增加,另一个电容减小,其变化量和杠杆位移成比例,也就是和压力比成比例。差动电容器的容抗变化由交流电桥测量,经放大后使双向电机工作。电机一方面改变可变电阻,使电桥恢复平衡(称自动平衡电桥),同时带动同步器转子转动,由定子输出与压力比成比例的电压信号。该信号传送到指示器的同步接收器,驱使转子线圈同步转动,同时带动指针,指示出压力比值。图 2.13 所示为一种压力比表的表面。

起飞前,飞行员应根据当时场压,大气温度和飞机全重,从飞机性能曲线上查出起飞压力比值。然后,转动调定旋钮,使推力游标和数码窗指示出起飞压力比值。起飞时,飞行员控制发动机油门,当指针对准推力游标时,便说明发动机达到了起飞推力。飞行中,指针指示发动机压力比值。

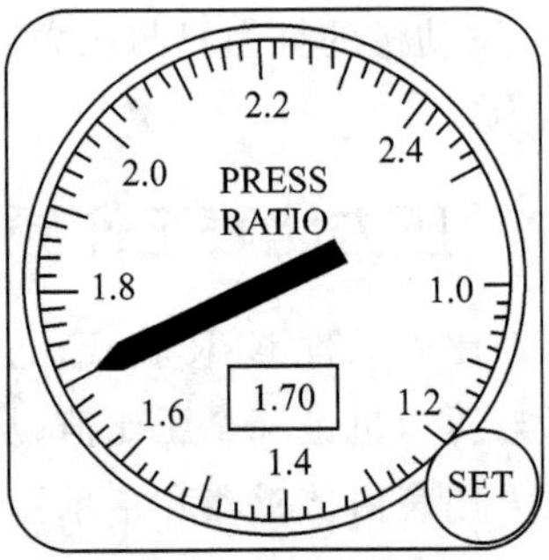

图 2.13　压力比表指示器

2.4　温度表

2.4.1　温度测量

温度是发动机工作状态参数测量中的一个重要参数。

物体的温度由系统内部能量和外部参数所决定。系统内部能量反映了物体内部分子热运动的剧烈程度;外部参数则表示了物体的冷热程度。物体温度,作为一种内涵量的温度,目前尚无法直接进行测量。实际中,往往借助于物质很多特性和几何尺寸、密度、弹性模量、电导率等的变化与温度确定的函数关系,采用测量这些相关量的方法来间接地测量温度。

按照采用测量方法的不同,温度测量可以分为接触式和非接触式两类。

接触式是指感温元件直接与被测元件相接触,通过热交换的方式最后达到二者间的热平衡,这时感温元件某一物理参数的量值即代表了被测对象的温度值。接触测温方法的优点是直观可靠,缺点是感温元件影响被测对象温度场的分布。另一方面,接触不良也会带来测量误差。如果温度太高或介质具有腐蚀性的话,对感温元件的性能与寿命也会带来不利的影响。

非接触式测温是感温元件不直接与被测元件相接触,而是通过辐射的方法进行热交换,故可避免接触式测温的缺点,具有较高的测量上限,而且测温热惯性小。

目前航空上使用的方法均为接触式测温法,主要采用电器式测温装置。常采用热电阻、热电偶等感温元件测量润滑油温度、汽缸头温度(活塞式航空发动机)和喷气温度(涡轮喷气发动机)。

1．热电阻测温原理

（1）金属热电阻

热电阻测温的基本原理是利用感温电阻，将被测量的温度转化为感温电阻值的变化，从而通过测量电阻来间接测量被测温度。

常用的感温电阻有两类：导体和半导体。前者为热电阻，后者则称为热敏电阻。

采用金属导体的金属热电阻，其电阻随着温度升高而增大，具体可由下式表示：

$$R_t = R_0[1 + a(t - t_0)] \tag{2-6}$$

式中，R_t，R_0 为热电阻在 t 和 t_0 时的电阻值；a 为热电阻材料的温度系数。

绝大多数热电阻的电阻温度系数都为温度的函数，只是在一定的温度范围内，近似地看作常数。不同的金属热电阻，电阻温度系数 a 所对应的温度范围不同。

常用的热电阻有：铂、铜、镍等热电阻，在低温测量方面可采用铟、锰、碳等热电阻。热电阻可分为普通热电阻、铠装热电阻和薄膜热电阻。

常见的普通铂热电阻有：

玻璃管架铂热电阻 由直径为 0.03～0.04 mm 的铂金属丝双绕在直径为 4～5 mm 的玻璃棒上，外面再套一层薄玻璃管、烧结在一起构成。

陶瓷管架铂电阻 结构与玻璃管架铂电阻相似，所不同的是外面涂有釉保护层。

云母片骨架铂电阻 其结构图如图 2.14 所示。

云母片骨架铂电阻，采用铂丝绕在边缘成锯齿形的云母片上，防止因滑动而短路，两面再盖一层云母片，外层用银带缠绕固定而成。

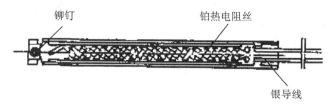

图 2.14 云母骨架铂热电阻体

（2）热敏电阻

热敏电阻是一种对温度非常敏感的感温元件，按其电阻值随温度变化的特性，可以分为三种：负电阻温度系数的热敏电阻，即电阻值随温度增加而减小；正电阻温度系数的热敏电阻，即电阻值随着温度增加而增大；临界温度热敏电阻，这类热敏电阻的电阻值在某一特定温度下会发生突然的变化。在温度测量中，主要采用负电阻温度系数的热敏电阻。

负电阻温度系数的热敏电阻的温度特性为

$$R_T = R_0 e^{-B\left(\frac{1}{T} - \frac{1}{T_0}\right)} \tag{2-7}$$

式中，T 为热敏电阻的温度[K]；R_T，R_0 为温度为 T 和 T_0 时热敏电阻的电阻值；B 为材料常数。

由式(2-7)可见，对于选定材料的热敏电阻，其电阻值与温度 T 具有单值对应的关系，测得 R_T 即可计算出被测温度 T。

热敏电阻的电阻温度系数 a 为

$$a = \frac{1}{R_0}\frac{dR_T}{dT} = -\frac{B}{T^2} \qquad (2-8)$$

由式(2-8)可见，热敏电阻的电阻温度系数不仅与其材料有关，还与被测温度 T 的平方成反比，因此电阻温度系数随温度的增加而急剧减小。

2. 热电偶测温原理

热电偶测温的机理是基于物理的热电效应。如图 2.15 所示，两种不同的导体两端接触在一起组成闭合回路。当两个接触点(称为结点)的温度不同时，回路中会产生电势。

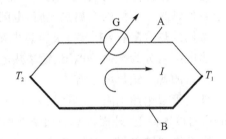

两个结点的温度差别越大，所产生电势越大；组成回路的材料不同，所产生的电势也不同。这个将热能转换成电能的现象称为热电效应。

图 2.15　热电效应

两种导体组成的回路称为热电偶。组成热电偶的导体称为热电极。所产生的电势称为热电势。在两个结点中与被测介质接触的一端称为测量结点或工作端，也叫热端；另一端则称为参考结或自由端、冷端。

热电效应包括薄珀尔帖(Peltier)效应和汤姆逊(Thomson)效应两部分。

珀尔帖效应指出，当自由电子密度(取决于材料的性质)不同的两种金属导体接触在一起时，它们内部的自由电子会透过接触面向对方扩散，如图 2.16 所示。

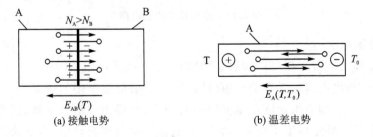

(a) 接触电势　　　　　　　　　　(b) 温差电势

图 2.16　接触电势和温差电势

相互接触的两种金属导体自由电子密度不同，自由电子密度较大的一侧(电子密度设为 N_A)，"电子气"的压力就大，而且这一压力大小与温度有关。这一侧扩散到自由电子密度较小的一侧的电子数较多,所以在接触面积聚较多的正电荷。相反,自由电子密度较小的一侧(电子密度设为 N_B),在接触面处则积累起负电荷,因此在接触面出就形成了一个电位差 $E_{AB}(T)$,该电位差阻止了电子的继续扩散。

随着电子积累的增多,电位差 $E_{AB}(T)$ 也增高,当电位差 $E_{AB}(T)$ 的作用与由于电子密度不同而产生的扩散作用达到平衡时,自由电子的继续积累即行停止,电位差 $E_{AB}(T)$ 达到最大值。这个电位差即称为接触电势,如图 2.16(a)所示。由珀尔帖效应可知,只有不同的材料相接触,才会有接触电势产生;接触电势的大小与结点的温度成正比,温度越高,接触电势越大;接触电势的方向由导体的材料决定,但总是由电子密度低的材料一边指向电子密度高的材料一边。

汤姆逊效应指出,对于单一导体,如果两端温度 T 和 T_0 不相同,假设 $T>T_0$,则在导体两端也会产生电势 $E_A(T,T_0)$,这个电势称为温差电势,如图 2.16(b)所示。这是由于高温端的电子吸收的热量多,使其动能增大,因而向低温端进行热扩散,高温端因失去电子而带正电,低温端因获得电子而带负电,于是在导体两端形成一个电位差。这个电位差的作用是阻止电子继续从热端向冷端进行扩散,当两种相反的作用达到平衡时,温差电势达到最大值。

2.4.2　飞机上常用的温度表

本节主要介绍采用热电阻和热电偶为感温元件的一些仪表和传感器。

1. 电阻式温度表

电阻式温度表广泛用于测量较低的温度,如发动机进气温度、滑油温度、燃油温度、客舱温度、防冰加温设备的温度以及大气温度等。电阻式温度表由传感器和指示器组成。

传感器一般由镍丝(或铂丝)组成。对于流动速度不大的气体或液体,传感器通常采用支撑感温棒形式(如图 2.17 所示),并且插入被测气体或液体之中,感受被测温度。随着被测温度的升高(或降低),感温电阻的阻值也将升高(或降低),这样即将被测温度转换成了电阻值,通过测量相应的电阻值,即可得到待测的温度。

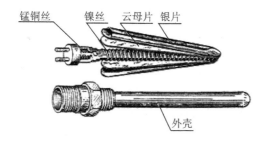

锰铜丝　镍丝　云母片　银片

外壳

图 2.17　感温器结构

指示器有多种形式,如动铁式电流比值表、磁电式电流表及数字显示指示器等。

电阻式温度表的测量电路有多种形式,常用的有双对角线不平衡电桥、惠斯登电桥等。

双对角线不平衡电桥的电路图如图 2.18 所示。电路由两条分压支路(R_2、R_3、R_4、R_1、R_x)和两条对角线(Ⅰ、Ⅱ线框)组成。

若被测温度升高,则感温电阻 R_x 增大,A 点电位相应升高,B、C 点电位基本不变。因此,B、A 之间的电位差减小,A、C 之间的电位差增大;流过Ⅰ线框的电流 I_1 变小,流过Ⅱ线框的电流 I_2 增大,两线框电流比值 I_2/I_1 增大,其合成磁场向较高温度方向偏转,活动磁铁(带着指针)停在合成磁场方向,指针指示较高温度。

若被测温度降低,则感温电阻 R_x 减小,A 点电位降低,电流 I_1 增大,电流 I_2 减小,合成磁场向较低温度方向偏转,指针指示较低温度。

图 2.19 所示为惠斯登电桥式测量电路,该电路在波音、麦道等飞机测量滑油或润滑油时采用。图中Ⅰ线圈称为偏转线圈,接在电桥的对角线上,其电流大小和方向随被测温度的高低和正负而变化。Ⅱ线圈称为复原线圈,其与一条桥臂中的部分电阻(R_3、R_4)并联,流过Ⅱ线圈的电流基本保持不变。Ⅰ、Ⅱ线圈安装在一起,可在永久磁铁磁场中转动,并带动指针偏转。R_x 为感温电阻。

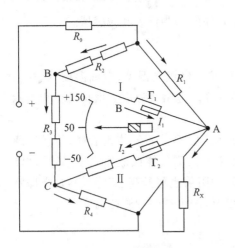

图 2.18　双对角线式不平衡电桥

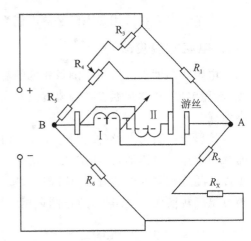

图 2.19　惠斯登电桥式

当被测温度为 0 ℃时,A 点电位与 B 点电位相等,电桥处于平衡状态。偏转线圈Ⅰ中电流为零。复原线圈中的电流与磁铁磁场相互作用,使指针偏转。当游丝反作用力矩与电流力矩相平衡时指针稳定,指示 0 ℃。

当被测温度升高时,感温电阻 R_x 增大。电桥中 A 点电位高于 B 点电位,偏转Ⅰ线圈中电流增大,并在磁场中产生电磁力矩,使Ⅰ、Ⅱ线圈和指针一起转动。当游丝反作用力矩与电流力矩相平衡时,指针指示较高的温度。

当被测温度降低到 0 ℃以下时,感温电阻 R_x 减小。电桥中 A 点电位低于 B 点电位,偏转 I 线圈中电流反向,电磁力矩反向,指针反向转动,指示负的温度。

2. 热电偶式温度表

热电偶式温度表广泛用于测量较高的温度,如活塞式发动机的汽缸头温度、喷气发动机的排气温度以及热气防冻加温温度等。热电偶式温度表由热电偶和指示器组成。

图 2.20 为测量汽缸头温度的热电偶和指示器。热电偶的正极用镍铬制成、负极用锰铜制成。工作时,将热电偶的热端即工作端紧贴汽缸、安装在发动机的电咀下。

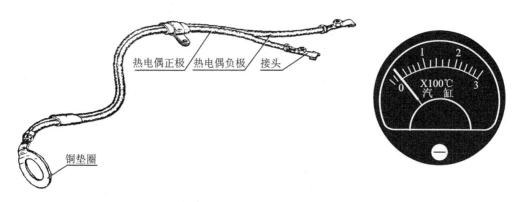

图 2.20　汽缸头温度表的传感器和指示器表面

图 2.21 为测量喷气发动机排气温度的热电偶和指示器。热电偶的正极用镍铬制成、负极用镍铝制成,装在一根耐热的不锈钢管中,并沿着与气流垂直的方向插在发动机尾喷管中或排气管中(测量活塞式发动机排气温度)。工作时,高温气流从进气口流入,受到阻滞后,速度降低到接近零,同时将温度传给热电偶,然后从出气口流出。

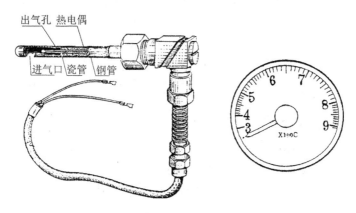

图 2.21　发动机排气温度表的传感器和指示器表面

热电偶式温度表的原理电路如图 2.22 所示。发动机工作时,热电偶的热端感受被测温度。由于热电效应产生热电动势,所以如若保持热电偶冷端(即另一端)温度不变(规定为零度),则热电势的大小只与热端温度有关。指示器,实质上为一个刻度为温度的毫伏表,指示出所测量的热电势的大小,即反映了被测温度的高低。

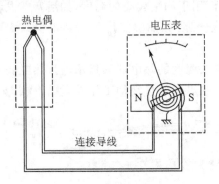

图 2.22　热电偶式温度表原理

2.5　油量表

用于测量燃油、滑油和液压油储量的仪表称为油量表。

飞行过程中,及时了解飞机的剩油量,对于正确估计续航时间,完成飞行任务、确保飞行安全,具有十分重要的意义。由此可知,油量表是一种重要的发动机仪表。

指示飞机的储油量,关键在于测量油量。测量储油量的方法通常有三种:涡轮流量计、浮子式和电容式。

涡轮流量计,采用测量流量的方法,既可显示体积流量、总消耗量,也可显示燃油的储量。采用这种方法测量油箱中燃油的储量,可免受飞机飞行姿态等因素的影响,具有一定的精度。但是由于涡轮流量计不能反映油箱的消耗(如漏泻、管道内壁间隙燃油的流过等),将会产生油量多于油箱中实际油量的指示。所以飞机上同时装有相应的油量表。

油量表,如浮子式、电容式油量表都是基于测量油箱中燃油液面高度的原理而工作的。前者结构简单,但测量误差大;后者准确度较高,所以广泛应用于飞机上。

2.5.1　浮子式油量表

浮子式油量表是利用浮子把油箱液面高度转变成电量,从而测量油量的仪表。浮子式油量表的原理图如图 2.23 所示。

浮子式油量表主要由传感器、指示器和转换开关等部分组成。

飞机油箱的形状是一定的,通常根据油箱液面的高低可以确定油箱的油量。浮子通常由泡沫塑料或金属盒子做成,随液面高低而升降,并通过传动机构带动电刷移动,从而将油量转换成电量。

　　指示器为一个动框式电流比值表,指针安装在两个活动线框上。若流过两线框的电流比值发生变化,其在磁场中所受的电磁转矩将发生变化,从而产生转动,该转角与电流比值成比例。

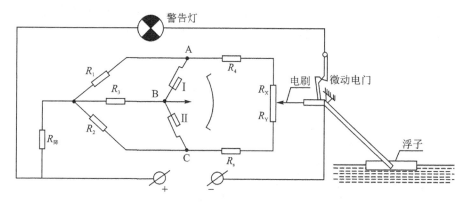

图 2.23　浮子式油量表原理电路图

　　由图 2.23 可知,浮子式油量表原理电路为一个直流半对角线电桥。当飞机加油时,浮子随油面升高,电刷下移,指示器 A 点电位升高,C 点电位降低,流过Ⅰ线框的电流减少,流过Ⅱ线框的电流增大,动框在电磁力矩作用下向下转动,指针指示出加油数。

　　飞行中,燃油消耗,油箱油量逐渐减少,浮子下降,电刷上移,指示器 A 点电位下降,C 点电位上升,流过Ⅰ线框的电流增大,流过Ⅱ线框的电流减小,动框在电磁力矩作用下向上转动,指针指示出剩余油量,当剩油减少到一定数量时,浮子带动微动电门接通剩余警告等,提醒飞行员注意。

　　浮子式油量表的测量精度受飞行状态影响较大,油量的检查需在飞机平飞时进行。下面以图 2.24 为例,说明油量表的应用。

　　运五飞机采用的是浮子式油量表,图 2.24 所示为运五飞机的燃油油量指示器,指示器盘面上分为内、外两圈显示。内圈刻度指示单组油箱油量,刻度范围为 0~650 公升,外圈刻度则指示总油量,刻度范围为 0~1 300 公升。运五飞机燃油邮箱

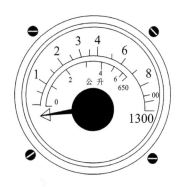

图 2.24　运五飞机油量表指示器

分为左、右两组,通过转换开关完成两组邮箱指示的转换。当转换开关置于左或右位指示时,指示器内圈的刻度便指示出相应邮箱的油量;当转换开关置于总油量位时,外圈刻度便指示出总油量。值得说明的是,当剩油减少到一定数量时,剩余警

告灯亮,根据指示,飞行员应结合飞行的具体情况,在确认剩油不多的情况下,应立即报告地面指挥,并采取正确的处理措施。

2.5.2　电容式油量表

电容式油量表利用电容传感器将油面高度转换成电容量,通过测量此电容量来测量并指示出油量。电容式油量表的工作原理如图 2.25 所示。

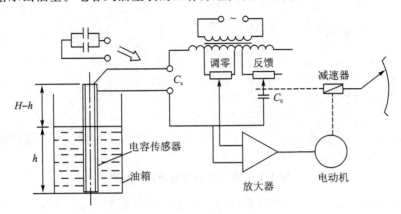

图 2.25　电容式油量表的工作原理图

图中左侧为由两同心金属圆筒组成的电容器,将此电容器插入油箱中,电容器将有一部分浸入油中,浸入长度随油量的多少而变,这部分介质为燃油。电容器上半部伸出油面,介质为空气,由电工学可知,这部分电容为

$$C_1 = \frac{2\pi\varepsilon_0 H}{\ln(r_2/r_1)} \tag{2-9}$$

下部为燃油介质,这部分电容为

$$C_2 = \frac{2\pi(\varepsilon_r - \varepsilon_0)h}{\ln(r_2/r_1)} \tag{2-10}$$

电容器总容量为两部分之和,即

$$C = \frac{2\pi\varepsilon_0 H}{\ln(r_2/r_1)} + \frac{2\pi(\varepsilon_r/\varepsilon_0)h}{\ln(r_2/r_1)} \tag{2-11}$$

式中,ε_0、ε_r 为空气和燃油的介电系数,r_1、r_2 为电容器的内、外圆筒半径,H 为电容器的高度,h 为浸入燃油部分电容器的长度。

由式(2-11)可见,油箱中燃油多时,h 即大,电容 C 也大;反之油量减少时,h 即小,电容 C 也小。因此电容器的电容量与油箱中的油量相对应。

图 2.25 中右半部分为对电容量进行测量、转换和指示部分的工作原理图。由图可见,这部分主要由电阻和电容所构成的交流电桥、放大器、电动机和指示器等组成。其中电容 C_x 为电桥的一条可变臂。当电桥平衡时,放大器没有信号,电动机不转动,指针指示当时的油量。当油量改变时(增加或减少),C_x 改变(增大或减小),电桥

平衡被破坏,产生不平衡的信号输入放大器,经过放大的信号驱动电动机转动。电动机的转动一方面通过减速器带动反馈电位计(增大或减小),使电桥重新平衡,另一方面带动指针指示出新的油量。

电容式油量表的指示是在某一种燃料在某一规定温度(例如 20 ℃)时的介电系数和密度的条件下给出的。当温度改变或更换另一种燃料时,由于燃料的介电系数和密度的改变,仪表指示会出现误差。由温度改变引起的误差,称为温度误差;更换燃料引起的误差,称为换油误差。

为了减小温度误差,需在油量表中安装补偿传感器来感受温度的变化,以便对温度误差进行补偿。为了减小换油误差,通常在换油后应检查指示器的"零"值和实际值("满"值)并进行调整。

电容式油量表是通过感受油面的高度来测量油量的,而飞机的姿态变化会引起油面的倾斜和波动,由此会带来仪表的测量误差,这一误差则称为姿态误差。所以在安装电容式油量表时,可在油箱中同时安装多个电容传感器,这样可有效地减小飞机俯仰、倾斜或加速度所引起的姿态误差。

2.6　振动指示仪

发动机振动指示器(Engine Vibration Indicator),也称为振动指示仪(VIB),是测量飞机发动机振动的仪表。

航空喷气发动机作为一种高速旋转的机件,转子要经过严格的平衡,尽管如此,工作时还是会出现或大或小的振动现象。而这种振动会加重轴承的磨损,造成零部件的损伤,缩短发动机的寿命;同时,这种振动也会影响到飞机的结构,使飞机的结构强度减弱,并迫使飞机的部件在这种振动情况下工作,从而影响飞机和这些设备的正常工作,增大噪声等。因此,现代民机中,即都装有测振仪表,以显示发动机的振动量,给发动机的总体机械性能供参考信息。

2.6.1　振动指示仪的工作原理

1. 振动的相关概念

发动机的振动是一种周期性的机械振动,其运动规律可用下述正弦函数来表示:

$$y = Y_{\mathrm{m}} \sin \omega t \tag{2-12}$$

式中,y 为振动位移;Y_{m} 为位移的最大值,称为振幅;ω 为振动角频率。由式(2-13),可得速度 v 和加速度 a 分别为:

$$v = \frac{\mathrm{d}y}{\mathrm{d}t} = \omega Y_{\mathrm{m}} \cos \omega t = V_{\mathrm{m}} \sin\left(\omega t + \frac{\pi}{2}\right) \tag{2-13}$$

$$a = \frac{\mathrm{d}^2 y}{\mathrm{d}^2 t} = -\omega^2 Y_{\mathrm{m}} \sin\omega t = A_{\mathrm{m}} \sin(\omega t + \pi) \tag{2-14}$$

其中,V_{m} 为振动速度的幅值,A_{m} 为振动加速度的幅值。

全振幅 S 为

$$S = 2Y_{\mathrm{m}}$$

振动的载荷系数为

$$G = \frac{A_{\mathrm{m}}}{g}$$

振动测量中,常采用以上两个参数来作为指示参数。

振动的载荷系数与振动速度的关系为

$$G = \frac{\omega^2 Y_{\mathrm{m}}}{g} = \frac{\omega V_{\mathrm{m}}}{g} \tag{2-15}$$

振动的载荷系数与全振幅的关系为

$$G = \frac{\omega^2}{g} \cdot \frac{S}{2} = \frac{\omega^2 S}{2g} \tag{2-16}$$

因为 $\omega = 2\pi f$,所以

$$G = \frac{\omega^2}{g} \cdot \frac{S}{2} = \frac{\omega^2 S}{2g} = \frac{f^2 S}{K} \tag{2-17}$$

式中,$K = 2\pi^2/g$,由式(2-17)可知,振动载荷系数与振幅和频率的平方成正比。

2. 振动仪的测量原理

目前,飞机上所用的振动仪有速度式和加速度式两种。

(1) 速度式振动仪测量原理

速度式振动仪测量原理如图 2.26 所示,其由永久磁铁、线圈、弹簧等组成。测量线圈安装在壳体上,壳体安装在发动机的测量点上。永久磁铁质量较大,并由两个刚度很小的软弹簧连接在壳体上,所以振动频率很低(<15 周/秒)。

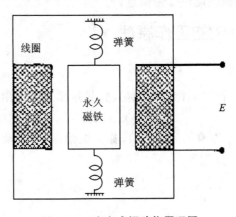

图 2.26 速度式振动仪原理图

　　当发动机工作时,传感器的壳体随着发动机一起振动,沿着测量方向左高频往复直线运动。由于永久磁铁自然振动频率较低,所以壳体的振动便来不及传递给永久磁铁,磁体也就不能随发动机一起振动,由此,永久磁铁相对于线圈的往复运动即反映了发动机的振动。根据电磁感应定律,永久磁铁相对于线圈往复运动时产生的感应电势为

$$E = BNLv \qquad\qquad (2-18)$$

式中,E 为感应电势的有效值,B 为感应强度,N 为线圈匝数,L 为线圈每匝绕组的有效长度,v 为永久磁铁相对于线圈运动速度的有效值。

　　式(2-18)说明,当速度式测振仪的结构一定时,感应电势与发动机的振动速度成正比,测量感应电势的大小,即可反映发动机的振动速度。测出发动机的振动速度后,通过积分,便可求出振幅。当发动机的振动频率一定时,依据式(2-18),即可得到振动载荷系数。

　　通常在发动机上安装有两个振动传感器:一个安装在压气机附近,另一个按装在涡轮转子附近,用于测量这两处的径向振动参数。

(2) 加速度式振动仪测量原理

　　图 2.27 所示为飞机上所用的加速度式振动传感器。传感器由敏感质量块、弹簧和压电片等组成。质量块下面压着两片压电片(适应镜片或压电陶瓷片),压电片的两个表面上镀有银层,焊接输出引线。硬弹簧将质量块、压电片和基座压紧,随着飞机一起运动。壳体安装在发动机上,随着发动机一起运动。

　　发动机工作时,传感器随着发动机一起做垂直方向的振动。由于弹簧的刚度很大,质量块的质量相对较小,可视为质量块的惯性较小。所以,质量块感受到与传感器基座

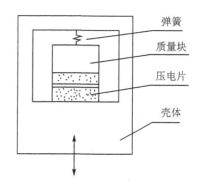

图 2.27　加速度式振动仪原理图

相同的振动,其振动加速度与发动机振动加速度成正比。这样,质量块相对于壳体运动的惯性力作用在压电片上,惯性力的大小与质量块的质量和加速度的乘积成正比。在质量块的质量一定的情况下,惯性力仅与加速度有关。压电片受到惯性力的作用,由于其压电效应,便会在两个表面上产生交变电荷(电压),电荷的大小与惯性力成正比,即与质量块的加速度成正比,亦即与发动机的振动成正比。测量传感器的输出电压即可得出发动机的振动加速度的大小。通过积分,即可得到振动速度和振幅。

　　这种振动传感器结构简单,工作可靠,体积小巧,故而在飞机上获得了广泛的应用。

2.6.2　振动指示仪的参数指示

1. 振动的指示

振动指示器多为测量电压的毫伏(或毫安)表。图 2.28 所示为两种振动指示器的盘面。

(a) 指示振动载荷系数的指示器

(b) 指示振动幅值的指示器

图 2.28　振动指示器盘面

发动机振动强度的表示一般可有两种表示方法。

我国和苏制的飞机上,发动机振动仪多以振动载荷系数 G 值来表达振动强度。各型飞机都规定了允许的振动载荷系数,工作时,发动机的振动载荷系数必须在允许的范围内。一般情况下,轻型飞机的载荷系数 $G<3$,重型飞机的 $G<5$。我国的民航飞机正常工作时振动载荷系数 G 一般在 3~4 之间。

在英、美制的飞机上,发动机振动仪均以全振幅 S 来表达振动强度,一般指出的是相对全振幅,即相对振幅指示了振动量。

图 2.28(a)即为指示振动载荷系数的指示器,单位为 g,我国民航飞机正常工作时振动载荷系数应为 3~4g;图 2.28(b)为指示振动幅值的指示器,单位为密耳(mil),1 密耳等于 10^{-3} 英寸,通常正常值应在 2~3 mil 之间。

图 2.29 所示为一种振动指示器的转换开关板,通常与指示器配合使用。将转换开关置于"DIFF 扩散器"位时,指示器指示的振动值是扩散器附近的传感器所测的该位置的振动值;置于"TURB 涡轮"位时,则指示涡轮附近的传感器所测的振动值。

转换开关板上的试验按钮用来检查指示器和警告灯。当发动机未工作时,按下试验按钮,指针指示一定数值(如 3.8~4.2),并且警告灯亮;松开手后,指针回零,警告灯灭。

图 2.29　振动仪转换开关

2. 发动机振动故障的监控

安装在发动机上的传感器也是一种监控仪表,用于监控发动机的振动。使用前,应该用试验按钮进行检查;使用中,如果测量到一个超过极限的振动信号,座舱中的警告灯会亮。同时,振动指示仪表上会有一条红色警告线,这时应结合其他仪表的指示一起判断故障情况,并迅速作出相应的处理。

复 习 题

1. 叙述发动机仪表的配置及功能。
2. 试分析直流两线式压力表的功能、组成及基本工作原理。
3. 试分析交流两线式压力表的功能、组成及基本工作原理。
4. 试分析热电偶式温度表的功能及测温原理。
5. 转速表可以分为几类?说明每一类的特点。
6. 试说明磁转速表的功能和基本工作原理。
7. 试说明磁电式转速表的功能和基本工作原理。
8. 说明油量表的功用和种类。
9. 试分析电容式油量表的工作原理及使用中要注意的问题。
10. 说明推力表的功能。
11. 试分析压力比表的基本工作原理和使用方法。
12. 飞机上所用的发动机振动仪有几种?分别说明其基本原理。

第 3 章

大气数据仪表

用于完成大气数据参数测量的飞行仪表和传感器是重要的机载设备。飞行员凭借这类仪表显示的信息可正确安全地驾驶飞机；飞行自动控制系统凭借这类传感器输出的信息可自动控制与稳定飞机的飞行，完成各种飞行任务。

大气数据的测量、小型飞机和通用飞机上大多使用分立式仪表，即大气数据仪表；而在大、中型飞机上则采用大气数据计算机集中处理大气数据，之后，由电动仪表或电子显示器显示各种飞行参数，以为飞行员提供大气数据类飞行信息。本章首先介绍大气数据仪表。

3.1 大气数据测量仪表

大气数据仪表，也称为皮托/静压仪表，依据测量大气压力来测量相应的飞行参数。这类仪表包括高度表、垂直速度表、指示空速表、马赫数表等，用于测量飞机的高度、速度等重要的飞行参数。

3.1.1 飞行高度的测量与气压式高度表

飞行高度是飞机飞行中需要测量的一个重要参数，是完成驾驶、导航、武器发射、轰炸、侦察等飞行任务所必需的信息。正确地测量和选择飞行高度，对于充分发挥飞机性能、减少燃油消耗、节约飞行时间和保证飞行安全都具有十分重要的意义。

1. 飞行高度的测量

要准确测量飞行高度，首先要明确飞行高度的相关概念。

（1）飞行高度

飞行高度是指飞机在空中距离某一基准面的垂直距离。测量基准面不同，测出的高度也不同。按选定基准面的不同，飞行高度可以分为如图 3.1 所示的几种。

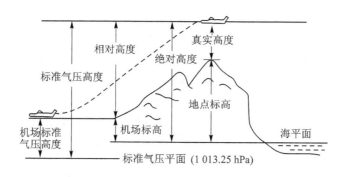

图 3.1　飞行高度的定义

相对高度　飞机与机场场面之间的垂直距离。飞机起飞、降落时,需要知道相对高度。

绝对高度　飞机与平均海平面之间的垂直距离。在海上飞行时,需要知道绝对高度。我国的平均海平面,即地里标高的"原点",在青岛附近的黄海上。

真实高度　飞机与正下方地面目标(山顶、地面等)之间的垂直距离。飞机飞越高山、空中摄影,尤其是盲降时,都需要准确地测量真实高度。

标准气压高度　飞机与标准气压平面之间的垂直距离。标准气压平面为国际统一规定的气压基准面。标准气压平面的气压为 101.325 Pa 或 760 mmHg 或 29.92 inHg。标准气压高度又称为压力高度(pressure height)。

飞机在过度高度以上飞行时,为了统一高度基准,采用标准气压高度。

注意:飞机平飞时,相对高度、绝对高度都不改变,而真实高度随飞机正下方地面高度的改变而改变,标准气压高度则随着飞机正下方标准气压平面的改变而改变。

标高(elevation)　某地到地理"原点",即平均海平面的高度称为某地的标高,也称为海拔高度。标高与标准气压高度是不同的,二者的基准面不同。

另外,还有几种常用的高度,在这里说明如下:

场压高度(H_{QFE})　QFE 为起飞或着陆机场的场面气压。以 QFE 为基准面的气压高度,简称场压高。在标准大气条件下,场压高度等于相对高度。当飞机停在跑道上时,气压式高度表指示的场压高度应为零(为飞机座舱高度更准确)。

修正海压高度(H_{QNH})　QNH 为修正海平面气压。以 QNH 为基准面的气压高度为修正海平面气压高度,简称海压高度。修正海平面气压是根据当时机场的场面气压和标高,按照标准大气条件推算出来的海平面气压值(由气象台提供)。标准大气条件下,修正海压高度等于绝对高度。

大气密度高度(ISA)　经温度校正后得到的压力高度称为大气密度高度。在飞机起飞、爬升和着陆阶段,用于判断飞机和发动机性能。大气密度高度可通过计算机或图表计算得到;对于大多数计算机,解算真空速时,可直接读出。

当飞机停在跑道上时,气压式高度表指示的修正海压高度为机场标高(飞机座舱高度加机场高度更准确)。

　　标准气压高度、场压高度和海压高度都和大气压力有关,可以通过测量大气压力间接测量。气压修正高度是根据标准气压高度公式计算出来的修正海平面气压值与标准气压值之差的高度值。在海平面附近(或较低高度上),高度每增加 1 000 ft,大气压力降低约 1 inHg(高度每增加 30 ft,压力降低 100 Pa)。气压与高度的换算值约为 11 m/mmHg、8.25 m/hPa 或 1 000 ft/inHg。由此,可采用以下公式来计算压力高度:

$$压力高度 = 标高 + (1\ 013.3\ hPa - QNH) \times 30$$

即如果知道某处的气压,即可利用上述标准气压公式计算出该处的标准气压高度,以图 3.2 为例,即由标高,按上述公式计算压力高度(pressure height)。

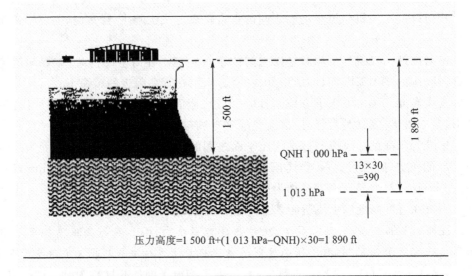

压力高度=1 500 ft+(1 013 hPa−QNH)×30=1 890 ft

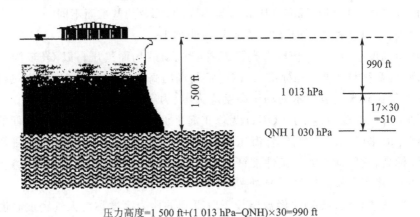

压力高度=1 500 ft+(1 013 hPa−QNH)×30=990 ft

图 3.2　压力高度的换算

（2）飞机上飞行高度的测量方法

目前飞机上常用的测量飞行高度的方法有以下几种：

1）利用无线电波的反射特性测量飞行高度

飞机上装有无线电发射机和接收机。发射天
线 A 与接收天线 B 相距为 l，无线电发射机发射
无线电电波，如图 3.3 所示。

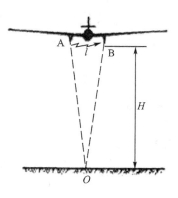

所发射的无线电波，一部分由发射天线直接
传送到接收天线，所需的时间为

$$t_1 = \frac{l}{c} \qquad (3-1)$$

式中，c 为无线电波在空中的传播速度（$3 \times$
10^5 km/s）。

另一部分无线电波由发射天线发射经地面反
射到接收天线，所需的时间为

图 3.3　无线电测高原理

$$H^2 = -\left(\frac{l}{2}\right)^2 + \left(\frac{ct_2}{2}\right)^2$$

故

$$t_2 = \sqrt{\frac{4H^2 + l^2}{c^2}} \qquad (3-2)$$

接收天线接收到上述两个无线电波的时间隔为

$$\tau = t_2 - t_1 = \sqrt{\frac{4H^2 + l^2}{c^2}} - \frac{l}{c}$$

由此可以得到飞行高度

$$H = \frac{1}{2}\sqrt{c\tau(c\tau + 2l)} \qquad (3-3)$$

因为发射天线与接收天线之间距离很小，l 可忽略不计，故

$$H = \frac{1}{2}c\tau \qquad (3-4)$$

利用无线电波测量飞行高度的方法，实际是将高度的测量转换为时间的测量。
由于这种方法所需求的无线电发射机的功率与所测量高度的四次方成正比，因此在
飞机上大多用于小高度的测量。其所测量的最小高度取决于所能测量的最小时间
间隔。

无线电高度表测量的是真实高度。

2）通过测量飞机垂直方向运动的线加速度来测量飞行高度

飞行高度为飞机相对于地面垂直运动的距离。飞行高度 H 与垂直速度 v_z 和垂
直加速度 a_z 之间的关系为

$$H = \int_0^t v_z = \int_0^t \int_0^t a_z \, \mathrm{d}t^2 \qquad\qquad (3-5)$$

因此通过测量垂直加速度 a_z，经过两次积分后即可得到飞行高度。目前飞机上常采用惯性导航系统来实现这种测量方案，详情请参见第 6 章所述。

采用这种方法测量飞行高度，需采用高精度的线加速度传感器和积分运算器等。

3）通过测量大气参数来测量飞行高度

在重力场内，大气压力、密度随高度增加而减小，因此可以通过测量大气压力或密度来测量飞行高度。通过测量大气压力来测量飞行高度的仪表与传感器称为气压式高度表与传感器。标准气压高度、场压高度和海压高度均可以采用气压式高度表测量。通过测量大气密度来测量飞行高度的方法，目前采用较多的是放射性电离压力计和皮拉尼热力压力计。

由于在较小的大气密度和压力的情况下，这种方法具有较高的测量精度，所以一般适宜测量大的高度。

4）激光测量高度

目前在有些飞机上采用激光方法测量飞行高度，但因为激光器所需的功率较大，所以这种方法目前尚在发展过程中。

2. 气压式高度表

高度表（Aneroid Altimeter）是唯一显示高度信息的仪表，是飞机上最重要的仪表之一。气压式高度传感器是重要的大气数据仪表之一。气压式高度表通过感受大气压力，来给定飞行高度。

（1）高度与大气压力的关系

地球周围大气对物体产生的压力称为大气压力。大气压力，从宏观上讲是大气的重量作用于物体的表面；从微观上讲是气体分子布朗运动所产生的撞击力。在对流层和平流层（飞机通常在这两层飞行），随着高度增加，大气密度逐渐减小，气温逐渐降低（平流层不变）。因此，大气压力随着高度的升高而逐渐减小，如图 3.4 所示。

国际标准化组织规定"国际标准大气"主要条件为：以海平面为零高度；标准海平面气压 P_0 为 760 mmHg（或 1 013.2 hPa 或 29.92 inHg）、气温 T_0 为 15 ℃（或 288 K）、空气密度 ρ_0 为 0.125 kg·s^2/m^4；对流层的顶界为 11 km；在对流层内，气温垂直递减率 τ 为 −0.006 5 ℃/m；在平流层内，高度低于 25 km 时，气温不随高度变化，等于 −56.5 ℃（或 216.5 K），高于 25 km 时，气温略有升高；空气的气体常数 R 为 29.27 m/℃。

高度与大气压力有着确定的关系。标准大气条件下，可以推导出高度与大气压力的关系，即标准气压高度公式。

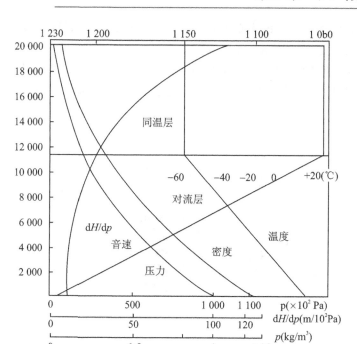

图 3.4　大气的温度、密度、压力与高度的关系

在 11 000 m 以下时：

$$H = \frac{T_0}{\tau}\left[1 - \left(\frac{P_H}{P_0}\right)^{R\tau}\right] \quad (\text{m}) \tag{3-6}$$

式中，P_H 为高度 H 处的气压。

将标准大气数据代入式（3-6），可得

$$H = 44\ 307.7\left[1 - \left(\frac{P_H}{760}\right)^{0.190\ 3}\right] \quad (\text{m}) \tag{3-7}$$

在 11 000 m ～ 25 000 m 时：

$$H = H_{11} + RT_{11}\ln\frac{P_{11}}{P_H} \tag{3-8}$$

式中，H_{11} 为高度 11 km，T_{11} 为高度 11 km 处的气温 216.5 k，P_{11} 为高度 11 km 处的气压 169.63 mmHg。

将标准大气数据代入式（3-8），可得

$$H = 11\ 000 + 6\ 337\ln\frac{169.63}{P_H} \tag{3-9}$$

由式（3-6）～式（3-9）可以看出，高度与气压存在单值对应关系，高度越高，气压越低。如果知道某处的气压，即可利用标准气压公式计算出该处的标准气压高度。

（2）气压式高度表的原理

高度表分为指针型高度表、电位计型高度表、伺服式高度表和数字式高度表等。

不同类型的高度表上高度的表现方式有相当的不同。一些高度表有一个指针,而其他的有两个或者更多。如图3.5所示的为飞机上常用的一种多指针型高度表。高度表的表盘按照顺时针方向被刻上从0～9的数字。高度表的三个指针中,最短的指针指示几万英尺高度;中等长度的指针指示几千英尺高度;最长的指针指示几百英尺高度。

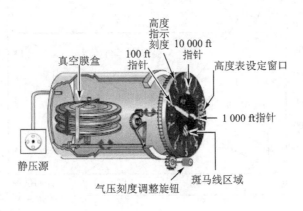

图 3.5　气压式高度表

气压式高度表根据大气压力(常称为静压)随高度升高而降低的规律测量高度。气压式高度表由真空膜盒、传动放大器、补偿装置和信号输出显示装置组成,安装在密封的仪表壳体内,其原理如图3.6所示。

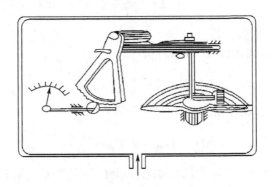

图 3.6　气压式高度表原理图

作为敏感元件的真空膜盒由两片波纹膜盒焊接而成,盒内抽成真空,压力可以认为等于零,膜盒外部的压力等于飞机周围的大气压力。当作用在真空膜盒上的气压为零时,其处于自然状态。当高度升高,作用在膜盒上的大气压力 P 逐渐降低时,膜盒将逐渐膨胀。膜盒中心的位移与作用在膜盒上的大气压力之间成线性关系。在低空,改变单位气压时,膜盒位移的变化量较小。这样,膜盒的位移量正好对应于各高度上的单位气压高度差。随着高度的改变,膜盒由于变形产生的位移量通过相应的传动机构,带动信号输出显示装置,指示出相应的高度信号。总之,只要刻度盘按标准气压高度的公式刻度,便可通过测量静压指示出高度。

传动机构有连杆式和齿轮式两种。

两个用双金属片做成的温度补偿片,用来补偿膜盒的弹性系数随温度变化所引起的弹性温度误差。

在图 3.6 所示高度表的基础上增设调零机构,使显示器在对某一基准气压面的高度为零时输出显示也为零。选择相应的基准气压面,信号输出显示装置可指示出相应的相对高度、标准气压高度或绝对高度。

(3) 气压式高度表的类型

常见的气压式高度表有不同的类型,其表面形式如图 3.7 所示。按表盘刻度上是否有高度指标,可将气压式高度表分为不带高度指标和带高度指标的两大类。

(a) 不带高度指标的高度表　　　　(b) 三针高度表盘面　　　　(c) 带高度指标的高度表

图 3.7　气压式高度表表盘

1) 不带高度指标的气压式高度表

不带高度指标的气压式高度表主要由感受压力的敏感装置、传送机构、指示和调整机构等部分组成,现以图 3.7(a)所示的不带高度指标的气压式高度表为例,说明其组成、结构和原理。该气压式高度表的内部结构如图 3.8 所示。

感受压力的敏感装置由四只真空膜盒串联组成,由此可以增大膜盒的变形量,以提高仪表的灵敏度。传送机构由连杆、齿轮等组成,其将膜盒的变形转换成位移传送给指示部分。

指示部分由指针、刻度盘和数字显示器组成。刻度盘每小格表示 20 ft,每隔 100 ft 刻有数字。数字显示从左到右分别为万、千、百位,显示范围为 $-100 \sim 50\,000$ ft。

调整部分由气压调整旋钮、齿轮组、数字显示器组成。显示器有毫巴(mb)和英寸水银柱(inHg)两种不同的气压显示窗。调整机构用来选择高度基准面和修正气压方法误差。

当转动调整旋钮时,气压显示窗显示选择的气压基准值,传动机构则带动真空膜盒组和指示机构按照标准气压关系转动相应的值,以显示相对所选基准面的高度。

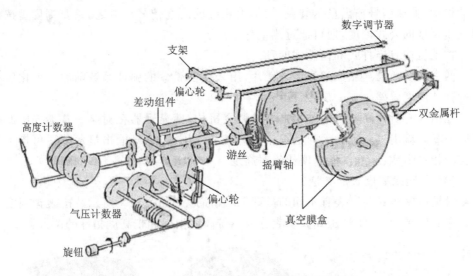

图 3.8　不带高度指标的气压式高度表结构

2) 带高度指标的气压式高度表

图 3.7(b) 和图 3.7(c) 均为带高度指标的气压式高度表,其不同在于,图 3.7(c) 所示的气压式高度表除了带高度指标外,还带有气压刻度窗。

带高度指标的气压式高度表的高度指标可以用高度值来选择测量基准面,以便在全高度范围内测量相对高度;气压刻度窗中的气压刻度盘可用来设定测量基准面的气压值,该气压值与高度指标指示值相互对应,符合标准大气压力和高度的关系。带高度指标的气压式高度表的内部结构如图 3.9 所示。

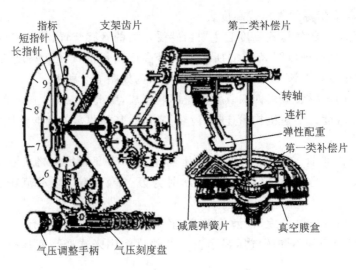

图 3.9　带高度指标的气压式高度表结构

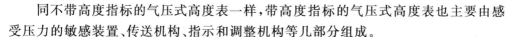

同不带高度指标的气压式高度表一样,带高度指标的气压式高度表也主要由感受压力的敏感装置、传送机构、指示和调整机构等几部分组成。

起飞前,飞机在机场时,作用在真空膜盒上的气压为零,其处于自然状态。当高度升高时,作用在膜盒上的大气压力逐渐减少,膜盒将逐渐膨胀。膜盒中心的位移与作用在膜盒上的大气压力之间成线性关系。即膜盒的位移量对应于各高度上的气压高度差。随着高度改变,膜盒由于变形产生的位移量通过相应的传动机构,带动指示器指针偏转,便可获得高度信息。

图 3-7(c)所示的高度表为三针式高度表,三针分别为长指针、短指针和细指针。长指针每走一数字代表 100 ft,短指针每走一数字代表 1 000 ft,细指针每走一数字代表 10 000 ft。

气压修正机构(气压调整手柄、气压刻度——sub-scale)用于设置气压基准值。

气压调整部分由调整旋钮、密封螺帽、调整齿轮组、气压刻度盘、高度指标等组成。气压刻度范围为 670～790 mmHg,每小格表示 1 mmHg,每 10 mmHg 写一个数字。气压刻度和内外高度指标指示数,相互对应,符合标准气压高度的关系。转动调整旋钮,气压刻度盘和高度指标同时转动,前者指示基准面的气压,后者指示基准面的标准气压高度。

当气压刻度盘转到超出 670～790 mmHg 范围时,气压窗出现一个挡片,遮住气压刻度盘,这时,内外指标所指示的基准面的标准气压高度,即代替了气压刻度盘指示基准面的作用,仍然能测相对高度。

密封螺帽可以改变调整齿轮的啮合关系。旋紧密封螺帽,调整机构正常工作;松开密封螺帽,弹簧使调整齿轮与支架齿轮脱离啮合。这时,转动调整旋钮,气压刻度盘和高度指标转动,而指针不动,这时可单独调整气压刻度和高度指标,以修正可能出现的机械误差。

(4) 气压式高度表的误差

随着空中交通密度的加大、现代飞机的高速率升降以及仪表着陆的需要,都要求高度表给出精确的指示,所以分析、研究和消除高度表的误差变得至关重要。

高度表的误差分为仪表本身的机械误差和测量方法误差两类。

1) 机械误差

由高度表在构造、材料、制造上的缺陷以及使用中的磨损、变形所引起的误差称为机械误差。机械误差可按下式进行修正:

$$H_C = H_i + \Delta H \qquad\qquad (3-10)$$

式中,H_C 为仪表修正高度,H_i 为仪表指示高度,ΔH 为机械误差修正值。

机械误差经定期测定后,绘制成修正曲线卡片,放在飞机上,供误差校正时使用。飞行员起飞前,进行仪表检查时参照曲线卡片,利用调整旋钮,调整气压刻度盘可校正机械误差。

2) 方法误差

气压式高度表是通过感受大气压力,来给定飞行高度的。具体地讲,是通过测量某处的大气压力,然后利用标准气压公式计算出该处的标准气压高度。因此,当实际大气条件不符合标准大气条件时,高度表的指示将出现误差,这种误差称为方法误差。

方法误差可分为气压方法误差和气温方法误差。

① 气压方法误差

当高度表测量基准面的气压不符合标准大气条件时所引起的误差称为气压方法误差。

当实际海平面大气条件不满足标准海平面大气条件时,设标准海平面大气压力为 p_0,而实际海平面大气压力为 p'_0,所引起的压力误差如下:

$$\Delta p_0 = p_0 - p'_0 \tag{3-11}$$

由此引起的高度误差为

$$\Delta H_{p_0} = \frac{RT_H}{g_n} \frac{\Delta p_0}{p_0} \tag{3-12}$$

当实际海平面压力小于标准海平面大气压力时,即 $\Delta p_0 > 0$ 时,由式(3-12)可知,$\Delta H_{p_0} > 0$,高度表出现多指的情况;当实际海平面大气压力大于标准海平面大气压力时,即 $\Delta p_0 < 0$ 时,同样,由式(3-12)可知,$\Delta H_{p_0} < 0$,则高度表出现少指的情况。

若实际海平面大气压力为 p_0,气压刻度窗口设为 1 013.25 hPa,则高度表指示压力高度是准确的。

图 3.10 说明了气压方法误差产生的原因。设想从大气中取出一段大气柱,研究当基准面气压变化后,该大气柱各层气压面相对于基准面的高度变化。

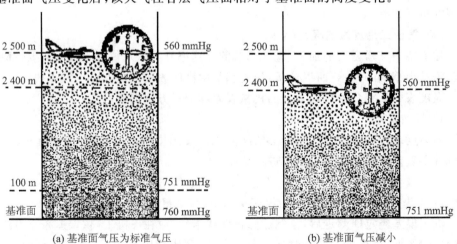

(a) 基准面气压为标准气压   (b) 基准面气压减小

图 3.10 气压方法误差

当大气柱符合标准大气条件时,由于大气柱中各气压面之间距离保持一定,并符合标准数值,所以气压式高度表的指示是准确的。如图 3.10(a)所示,当飞机在 560 mmHg 的气压面上飞行时,飞机相对于基准面的高度也是 2 500 m,仪表的指示为 2 500 m,指示是正确的。如果基准面的气压降低,便相当于整个大气柱下降了一段距离,由此,各层气压面相对于基准面的高度降低,气压式高度表出现多指的误差,也就是说,当实际压力低于高度表中设定的压力时,飞机的实际高度会低于高度表的指示高度。如图 3.10(b)所示,如果飞机仍在 560 mmHg 的气压面上飞行,飞机相对于基准面的实际高度则为 2 400 m,而仪表的指示仍为 2 500 m,因而出现了多指的 100 m 的误差。

相反,当基准面气压增大时,相当于整个大气柱上升,各层气压面相对于基准面的高度增大,仪表会出现少指的情况。

如果仪表出现误差,则需要对误差进行修正,飞机才可安全着陆。仪表误差修正的方法是:飞机着陆前,转动气压调整旋钮,根据本地海拔高度进行相应的调整。

② 气温方法误差

气温方法误差是指高度表测量基准面的气温以及气温垂直递减率不符合标准大气条件时所引起的误差。

当高度表测量基准面的大气柱符合标准大气条件时,飞机所在的气压面的高度等于仪表指示的高度,仪表没有误差,如图 3.11(a)所示。而当测量基准面的大气柱实际平均气温高于标准平均气温时,大气柱膨胀,其顶面 A 高度增高。欲保持高度表指示不变(即大气压力不变),飞机必须与大气柱顶面同时增高,如图 3.11(b)所示,此时,高度表的指示小于实际飞行高度,产生少指误差。相反,当大气柱实际平均气温低于标准平均气温时,大气柱收缩,其顶面高度降低,高度表指示的高度大于飞机的实际飞行高度,产生多指误差,如图 3.11(c)所示。

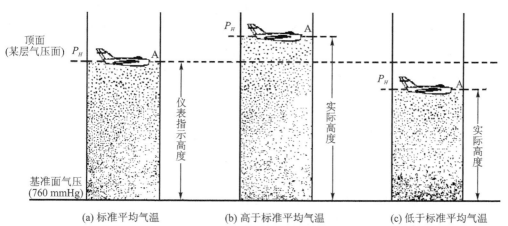

图 3.11　气温方法误差

气温方法误差需要通过领航计算进行修正。

鉴于以上分析,可知:当飞机从高气压地区飞往低气压地区时,在高度表未校正的情况下,飞机的实际高度将低于表的指示;当飞机从高温地区飞往低温地区时,同样,飞机的实际高度也会低于表的指示。所以为了保障飞行安全,飞行过程中,飞行员要谨记"高到低,需看低"的经验;同时,应综合分析高度表、升降速度表、无线电高度表和地平仪的指示,来判断高度表的误差和故障。

(5) 高度表的使用

高度表使用中要注意以下问题。

1) 高度表的设置与指示

首先强调的是高度表感受当时的大气压力,指示的是以高度表气压刻度窗中所调气压面为基准面的气压高度。

高度表上有一个按钮,飞行员可用此按钮在气压窗中设置参考气压值,高度表指示的是相对该气压值的气压基准面的相对高度。如图 3.12 所示,如果使用旋钮在气压刻度窗上设置 1 013,则高度表指示的是以标准大气压力面为基准面的压力高度。

例如,当高度表气压窗上所调气压为 29.82 inHg 时,表上指示的是飞机距离 29.82 inHg 气压基准面的高度;由此,当气压窗口设置标准海平面大气压力时,可测压力高度;当气压窗口设置实际海平面大气压力时,可测绝对高度;当气压窗口设置特定场地大气压力时,可测相对高度。

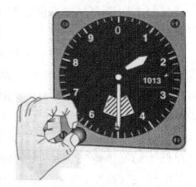

图 3.12　高度表设置示意图

在国际标准大气条件下,正确校准后的气压式高度表指示的是在平均海平面之上的真实高度;在非标准气压条件下,应使用当地修正气压来进行校准。如前所述,如果当时温度高于国际标准大气温度,真实高度将高于指示高度;反之,如果当时温度低于国际标准大气温度,真实高度将低于指示高度。由于地区气压随时改变,所以飞行中应根据 ATC(空中交通管制)提供的气压值拨正气压窗中的压力值,以保证指示的高度正确。

需要注意的是,当温度低于国际标准大气温度时,真实高度与指示高度之间的不一致,有可能会导致飞机的越障高度不够。所以在温度极低的情况下,飞行员应参照国际民航组织提供的低温误差修正表进行操作,以保证在限制条件下的地形及越障高度。具体操作方法详见使用手册,本书不再赘述。

2) 转场飞行中高度表的使用

为了维护空中交通秩序和飞行安全,我国民航规定,在飞机起飞降落中使用修正海压高度,在航线飞行时过度高度层以上使用标准气压高度。所以,驾驶人员要正确调整高度表的指标,使高度表按规定指示相应的高度,转场飞行中高度表的使用如图 3.13 所示。

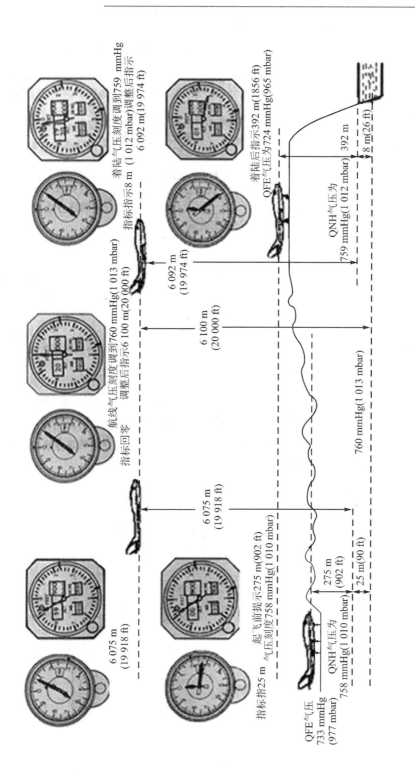

图3.13　转场飞行中高度表的使用

① 起 飞

飞机起飞时,驾驶人员应调整高度表,使其指示以修正海压平面为基准的相对高度。

具体的,转动气压调整旋钮,使气压刻度(或显示数)为修正海压值,高度指针应指机场标高。对于带高度指标的高度表,高度指标应指示修正海平面和标准气压平面之间的高度差。飞机起飞后,高度指针指示飞机的修正海压高度。

② 飞行中

飞机在起飞上升过程中,驾驶人员应根据航行管制的规定,在适当时候将高度表的指示调整为标准气压高度。在航线飞行过程中,高度表应指示标准气压高度。

具体的,转动气压调整旋钮,使气压刻度为 1 013.2 mbar,(或 760 mmHg)高度指针即指示飞机的标准气压高度。若带高度指标,则指针应指示零。

③ 着 陆

在着陆过程中,驾驶人员应调整高度表,使其指示以修正海压为基准面的海压高度。

着陆前,转动气压调整旋钮,使气压刻度为修正海压值,高度指针便指示海压高度。对于带高度指标的高度表,高度指标应指示修正海平面和标准气压平面之间的高度差。飞机着陆后,高度指针指示机场标高。

3) 高原机场高度表的使用

飞机置于高原机场,起飞前,当机上的气压高度表的气压刻度不能调整到机场场面气压数值时,应将气压高度表的气压刻度 1 013.2 mbar 对正固定指标(此时高度表所指的高度为零点高度)。飞机降落前,如果高度表的气压刻度不能调整到机场场面气压的数值,则应当按照着陆机场空中交通管制通知的零点高度(飞机着陆时高度表所展示的高度)进行着陆。

3. 高度偏差传感器

高度偏差传感器用于测量相对于给定高度的高度偏差并给出相应的电信号。当飞机定高飞行时,该信号作为指令信号加给自动飞行控制系统。

高度偏差传感器的原理图如图 3.14 所示。

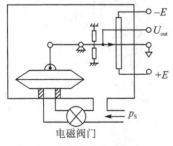
(a) 电磁阀门控制的高度差传感器

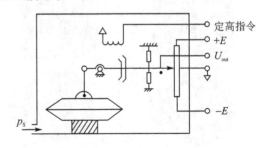
(b) 电磁离合器控制的高度差传感器

图 3.14 高度偏差传感器原理图

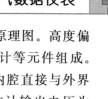

　　图 3.14(a)为采用开口膜盒作为敏感元件的高度偏差传感器的原理图。高度偏差传感器由敏感元件开口膜盒、回零弹簧、电磁阀门、信号输出电位计等元件组成。其中开口膜盒的内腔通过一个电磁阀门与外界大气相连,而外壳的内腔直接与外界大气相通。当膜盒内外压力相等时,膜盒位移为零,回零弹簧使电位计输出电压为零。当需要测量高度时,由电磁阀门切断膜盒内腔与外界大气的通路,使膜盒内腔保持定高飞行时飞机所在高度的大气压,而膜盒外的压力则随着飞行高度而改变,开口膜盒内外压力差使膜盒产生位移,并带动电位计电刷滑动,输出相应的高度偏差信号。

　　这种高度偏差传感器的灵敏度、精度均可作得较高,但其灵敏度随着高度的增加而降低。

　　图 3.14(b)为另一种高度偏差传感器的原理图。高度偏差传感器输出轴可分为左、右半轴两部分,通过电磁离合器相连;安装在左半轴上的敏感元件真空膜盒用来测量绝对压力。当高度改变时,膜盒产生位移,使输出轴的左半轴转动;输出轴的右半轴上附加有输出电位计。

　　当无定高指令时,输出轴的左半部分随高度变化而转动;输出轴的右半部分不动,其所带动的电位计电刷在回零弹簧作用下使高度偏差输出信号为零。当有定高指令时,电磁离合器使左、右输出半轴联为一体,并随高度改变带动电位计电刷输出相应的高度偏差信号。

　　这种高度偏差传感器灵敏度、精度均较低,但其灵敏度不随高度而改变。

3.1.2　空速表

1. 飞行速度的相关概念

　　飞行速度是飞行中重要的飞行参数之一。飞行员根据空速的大小可判断作用在飞机上的空气动力情况,以便正确地操纵飞机。另外,还可根据空速、风速、风向计算地速,由地速和飞行时间计算出飞行距离。

　　飞机的飞行速度是指飞机在选定坐标系内运动时,沿其重心运动轨迹切线方向的速度。

　　飞机相对于地球坐标系的运动速度包括地速和垂直速度(升降速度)。地速是指飞机重心沿地平面运动的水平速度分量,以符号 W 表示;垂直速度是指飞机重心沿地垂线方向运动的垂直速度分量,以符号 V_z 表示。

　　飞机相对于空气的运动速度包括空速和侧滑速度。空速是指飞机在纵轴对称平面 (XOZ) 内相对气流的运动速度,以符号 V 表示;侧滑速度指飞机在垂直截面 (YOZ) 内横轴相对气流的运动速度,以符号 V_y 表示。

　　在有侧风的情况下,飞机的空速 V 与地速 W 的方向和大小往往不一致。地速

W 与空速 V 之间的夹角称为偏流角 φ，地速的大小取决于空速 V 和风速 u。

空速表即为测量飞机空速的仪表。空速可包括指示空速、校正空速、当量空速和真空速。

指示空速(IAS)：按照海平面标准大气条件下动压与空速的关系得到的空速为指示空速，又称为表速。指示空速反映了动压的大小，即反映了飞行时作用在飞机上的空气动力情况，对操纵飞机具有重要作用。

校正空速(CAS)：对指示空速进行误差修正后得到的空速称为校正空速。这里的误差包括安装误差和仪表误差。海平面标准大气条件下，校正空速等于真空速。

当量空速(EAS)：对特定高度上的校正空速进行空气压缩性误差的修正之后所得到的空速为当量空速。当飞机高速飞行时，飞机前方的空气被压缩，产生空气压缩性误差，从而使当量空速低于校正空速。当飞机指示空速低于 200 kn(节)和高度低于 20 000 ft 时，该误差可忽略不计。

真空速(TAS)：飞机相对于空气运动的真实速度。对当量空速进行压力和温度的误差补偿后就是真空速。

马赫数(Ma)：真空速与飞机所在高度的声速之比。

2. 地速的测量

地速为飞机相对于地平面运动的水平速度分量，测量地速的方法通常有以下几种：

(1) 根据空速、风速等参数计算地速 W

由于侧风的影响，通常飞机的空速与地速的方向和大小不一致。地速 W 与空速 V 之间的夹角称为偏流角 φ，地速的大小取决于空速 V 和风速 u。地速 W、空速 V 和风速 u 构成的三角形称为速度三角形。

只要根据测出的空速和航向角，在给定风速和风向的条件下利用速度三角形即可计算出地速。目前计算工作由领航仪自动完成。

地面速度随迎风而减小，顺风时增加。

(2) 线加速度积分法

只要测量出飞机相对于地平面的水平加速度，再对其积分，即可求出地速。

在平台式惯性导航系统的惯性平台上，沿地球东西方向和南北方向分别安装有线加速度传感器，测量相应的线加速度分量；然后对其进行积分，再求矢量和便可得到地速，如图 3.15 所示(其中(a)为线加速度积分算法，(b)为地速的失量表示)。

$$W_{NS} = \int_0^t a_{NS}\, dt$$

$$W_{EW} = \int_0^t a_{EW}\, dt$$

$$W = \sqrt{W_{NS}^2 + W_{EW}^2} \tag{3-13}$$

在捷联式惯导系统中，沿飞机三个轴方向安装有线加速度传感器，分别测量相应

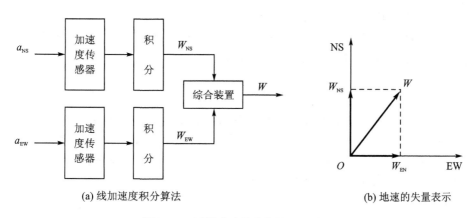

(a) 线加速度积分算法　　　　　　　　(b) 地速的失量表示

图 3.15　测量地速的线加速度积分法

的线加速度,再根据航向角、俯仰角和倾斜角计算出飞机沿地球东西、南北的线加速度分量,之后对其进行积分,求矢量和,便可得到地速。

3. 空速测量

(1) 气流的动压与静压

飞机在飞行时,空气与飞机相对运动。在正对气流运动方向的飞机表面上,气流完全受阻滞,速度降至零,此处的压力称为全压或总压。全压包括两部分:一部分是由动能转变成的压力,称为动压;另一部分是气体未受扰动时本身实际具有的压力,称为静压,也就是大气压力。全压等于动压和静压之和。

(2) 空速测量的理论基础

空速是飞机在纵轴对称平面内相对于空气的运动速度。目前常用的测量速度的方法是通过测量相对气流的压力,间接测量飞行速度。根据流体连续方程和能量守恒定理所导出的伯努利方程,是测量速度的基本方程。

伯努利方程体现了能量守恒定律在流管上的应用,它所表征的是不可压流中压力和速度之间的关系,即在同一流管上或在同一流管任何点上的静压和动压之和相等。

亚声速,即飞机的空速小于 400 km/h 时,可认为空气是不可压缩流,满足关系式

$$P_H + \frac{1}{2}\rho_H V^2 = P \qquad (3-14)$$

式中,P_H 为飞机所在处的静压,ρ_H 为飞机所在处的空气密度,V 为飞机的空速,P 为总压。

由动量定理可得

$$q_H = \frac{\rho_H V^2}{2} \qquad (3-15)$$

式中，q_H 为飞机所在处的动压。

在可压缩流中，即飞机的空速大于 400 km/h 时，飞机前方的气流受到阻滞而被压缩，密度明显增大，动压增大，如下式所示：

$$q_H = \frac{\rho_H V^2}{2}(1+\varepsilon) \tag{3-16}$$

式中，ε 为空气压缩性的修正量。该修正量与马赫数，即空速、气温有关。

由此可知，空气的压缩性与空速、气温有关，动压由空速、静压和气温来决定，即空速可由动压、静压、气温来反映。也就是说，只要测出流场中某处的压力 P、密度 ρ 和温度 T，即可间接测出空气的流速 V。

(3) 皮托管

要测量大气压力，就必须将气流引入，在飞机上完成这一功能的是皮托管，皮托管又叫做空速管或全静压管（Pitot-static Tube），用来收集气流的全压和静压。

皮托管一般安装在机翼、垂尾的前缘，或者是机身前伸端，处于未被扰动的大气环境中。超声速飞机上，皮托管固定在一个足够长的安装杆或者惯性悬臂的前段，置于机头冲击波的前面，如图 3.16 所示。

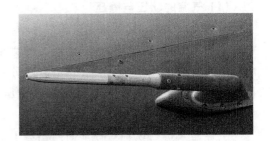

图 3.16　皮托管

皮托管的原理结构如图 3.17 所示。

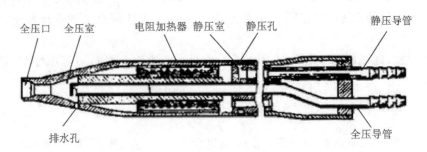

图 3.17　皮托管的原理结构图

皮托管为一流线型的管子，表面十分光滑，这样可以减弱对气流的扰动，以便准确地获得静压。

　　皮托管由一个正对迎面气流开口的内管和一个侧面有若干个圆形小孔的外管构成。内管称为总压管,相应的开口称为总压孔,外管称为静压管,侧面孔称为静压孔。

　　皮托管的全压部分用于收集气流的全压。当气流流过皮托管时,迎面气流流过空速管被分成两路,一部分气流流过管子的上部,另一部分流过管子的下部。中间有一个分界的流管,沿着法线的方向接近管子头部;撞击在圆管上的气流,受到阻滞而完全失去动能,气流的速度变为零,动能完全变为压力能,由伯努利方程可知,这一点的压力即是全压。皮托管的全压口即位于管子的头部,正对气流的方向,所以当气流流至全压口时,便可得到气流的全压。

　　必须指出,对于高速的跨声速和超声速飞机,静压的测量十分困难,空速管前面通常都产生激波,静压和压力传感系统受扰动影响很大,其轴线稍有倾斜,就会产生很大的测量误差,所以,通常将空速管安装于机头外部固定在前伸的管状悬臂上,避免扰动气流的影响,如图 3.16(b)所示。

(4) 空速表的结构与测量原理

1) 指示空速表

　　图 3.18 所示即为飞机上常用的空速表。图 3.18(a)所示空速表以英里每小时(mph)、节(knots,海里每小时,大约 1.85 km/h)或者这两者为刻度单位。飞行员可从指示空速表上直接获得仪表读数,无需根据大气密度变化,安装误差或者仪表误差而校正。在飞机飞行手册或者飞行员操作手册中列出的起飞,着陆和失速速度都是指示空速,一般不随高度或者温度而变化。图 3.18(b)所示空速表为组合空速表,可直接指示空速,经修正后可指示真空速。

(a) 空速表　　　　　　　　　　(b) 组合空速表

图 3.18　空速表

　　根据指示空速的定义,空速与动压、静压、气温均为海平面标准大气参数,即 $\rho_H = \rho_0$,$P_H = P_0$,$T_H = T_0$;这样,空速即只与动压有关,即

$$q_H = \frac{1}{2}\rho_0 V^2 \tag{3-17}$$

而动压 $q_H = P - P_H = \Delta P$,即总压与静压之差,由此可以得出

$$V = \sqrt{\frac{2(P - P_H)}{\rho_0}} = \sqrt{\frac{2\Delta P}{\rho_0}} = f(\Delta P, \rho_0) \qquad (3-18)$$

即测量动压即可得到指示空速。

压力式指示空速表由皮托管、开口膜盒、放大传动机构和指示部分组成。图 3.19 所示为飞机上所用指示空速表的基本结构。

压力式空速表原理如图 3.20 所示。安置在飞机上的空速管感受到飞机飞行时气流产生的总压 P 和静压 P_H,通过导管分别送到开口膜盒和密封的仪表壳体内。膜盒内外的压力差即为动压,在动压的作用下,膜盒产生位移,经过传动机构带动指针转动,指示出空速。在静压和气温一定的情况下,膜盒的位移量,即指针的转角完全取决于动压的大小,即指示空速的大小。空速大,动压也大,仪表指示也越大;反之,指示小。

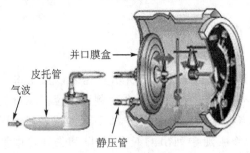
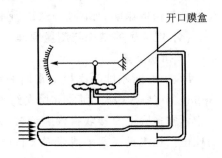

图 3.19　指示空速表的基本结构图　　　图 3.20　指示空速表基本原理图

总之,指示空速表示根据海平面标准大气条件下,空速与动压的关系,利用开口膜盒测动压,来表示指示空速。

2) 真空速表

测量真空速一般有两种方法:一种是通过感受动压、静压和气温的方法测量真空速;另一种是通过感受动压和静压的方法测量真空速。

① 通过感受动压、静压和气温的方法测量真空速

由式(3-15)和式(3-16)可知,通过测量流场中某处的压力 P、密度 ρ 和温度 T,即可间接测出空气的流速 V,即真空速。图 3.21 所示即为通过测量压力、密度和温度来测量真空速的真空速表的原理示意图。

仪表有两个开口膜盒和一个真空膜盒。第一开口膜盒内部通全压,外部通静压,膜盒感受的是动压,在动压的作用下产生变形;第二开口膜盒与内装感温液体的感温器相连,其变形大小由气温决定(感温器装在飞机外面,感受大气温度,受热后液体气化,压力增大);真空膜盒,其变形大小由静压决定。真空膜盒和第二开口膜盒共同控制支点位置,改变传动比。

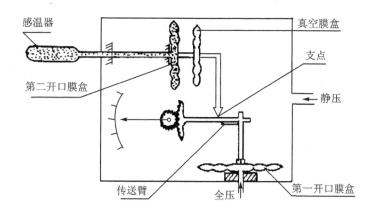

图 3.21　感受动压、静压和气温测量真空速的原理

如果静压和气温不变而动压增大,则说明真空速增大。这时,第一开口膜盒膨胀,通过传动机构,使指针转角增大。如果动压和气温不变而静压减小,也说明真空速增大。这时,真空膜盒膨胀使支点向右移动,减小传动臂,增大传动比,在同样的动压作用下,指针转角增大。如果动压和静压不变而气温降低,则说明真空速减小。这时,第二开口膜盒收缩使支点向左移动,减小传动比,在同样的动压作用下,指针转角减小。

由此可知,指针转角随动压增大而增大,随着静压减小而增大,随着气温降低而减小,以此来测量真空速。

② 通过感受动压和静压的方法测量真空速

通过感受动压、静压和气温的方法测量真空速准确度较高,但表的结构比较复杂,重要的是,测量空气的静温比较困难,因此较少应用。

在标准大气条件下,当高度在 11 000 m 以上时,气温不随高度变化,空速只取决于动压和静压。当高度在 11 000 m 以下时,气温和静压存在一定的对应关系,即在标准大气条件下气温和静压的关系可由下式表示:

$$T_H = T_0 \left(\frac{P_H}{P_0} \right)^{R\tau} \tag{3-19}$$

由(3-15)可知,飞机所在处的动压 $q_H = \dfrac{\rho_H V^2}{2}$,其中 ρ_H 为飞机所在处的空气密度。由气体状态方程可知,空气密度由静压和气温决定,其关系式如下:

$$\rho_H = \frac{P_H}{gRT_H} \tag{3-20}$$

式中,T_H 为飞机所在高度的温度,g 为重力加速度。

由式(3-15)和式(3-20),可得

$$V = K \sqrt{\frac{T_H q_H}{P_H}} \tag{3-21}$$

式中，$K = \sqrt{2gR}$，是一个常值。

式（3-21）表明了飞行各阶段真空速与动压、静压和温度的关系，这说明可以通过感受动压、静压和气温来测量真空速。

将式（3-19）带入式（3-21），可得

$$V = K_1 \frac{q_H^{0.5}}{P_H^{0.4}} \tag{3-22}$$

式中，$K_1 = K\sqrt{\dfrac{T_0}{P_0}}$，是一个常值。

式（3-22）表明了真空速与动压和静压的关系，这说明可以通过感受动压和静压来测量真空速。

通过感受动压和静压的方法测量真空速的原理如图 3.22 所示。

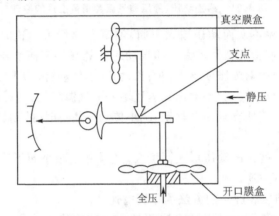

图 3.22　感受动压和静压的方法测量真空速的原理

机械式真空速表采用开口膜盒测动压，当动压增大时，开口膜盒膨胀，指针转角增大；采用真空膜盒测静压，当静压减小时，真空膜盒膨胀，支点向右移动，传动比增大，也使指针转角增大。由此，可使仪表的指示按照标准大气条件下，真空速与动压、静压的关系，随动压、静压变化，指示出飞机的真空速。

这种真空速表没有感受气温的部分，真空膜盒不仅反映了静压，也反映了温度对真空速的影响。表的结构简单，但是，当外界气温不等于标准气温时，将产生气温方法误差，尽管如此，应用还是较广泛的。

式（3-16）及式（3-21）表明，空速 V 不仅与压差 ΔP 有关，而且还与静压 P_H、密度 ρ_H 有关。这里 P_H、ρ_H 分别为飞机在某高度时的大气静压与密度。由于大气密度不易测准，为此人们用标准大气下海平面的空气密度 ρ_0 与压力 P_0 代替 P_H、ρ_H，即忽略了密度随飞行高度的变化。当飞行速度低于 400 km/h 时，式（3-18）改写为

$$V_{bs} = \sqrt{\frac{2\Delta P}{\rho_0}} = f(\Delta P) \tag{3-23}$$

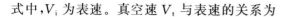

式中，V_i 为表速。真空速 V_t 与表速的关系为

$$V_t = V_i \sqrt{\frac{P_0 T_H}{P_H T_0}} = f(\Delta P, P_H, T_H) \qquad (3-24)$$

式中，P_0、T_0 分别为标准大气下海平面的压力与绝对温度；P_H、T_H 分别为高度为 H 处的大气压力与绝对温度。

可见，只要在测量表速的基础上附加一个 P_H、T_H 的修正机构，即可制成真空速表。

（5）指示空速与真空速的关系

指示空速是总压与静压之差即动压的函数，可以说，是动压的度量；而真空速则不仅与动压有关，还与静压和气温有关，所以两者是不同的。

依据式（3-15），可得

$$V_t = \sqrt{\frac{2q_H}{\rho_H(1+\varepsilon_H)}} \qquad (3-25)$$

所求得的空速称为真空速（true airspeed - TAS），以 V_t 表示，其与 ρ_H、ε_H 均有关。ε_H 为飞机所在处空气压缩效应的修正系数。将上式中 ρ_H、ε_H 换为标准海平面上的 ρ_0、ε_0，其为常数，此时空速仅与动压 q_H 有关，如下式所示

$$V_i = \sqrt{\frac{2q_H}{\rho_0(1+\varepsilon_0)}} \qquad (3-26)$$

式中，V_i 即为指示空速（indicated airspeed - IAS）。

指示空速与真空速的关系如下：

$$V_t = V_i \sqrt{\frac{\rho_0}{\rho_H}} \sqrt{\frac{(1+\varepsilon_0)}{(1+\varepsilon_H)}} \qquad (3-27)$$

由式（3-27）可知，只在标准海平面状态下指示空速才与真空速相同；在非标准海平面状态下或海平面以上，指示空速将偏离真实空速，高度越高，偏离越大。

如果保持真空速不变，而飞行高度升高，则一方面空气密度变小，使得动压减小；另一方面，气温降低，空气易于压缩，压缩效应的修正系数 ε_H 增大，又使动压增大。但空气密度比空气压缩修正量变化得快，因此实际动压变小，指示空速小于真空速。

由于指示空速只与动压有关，所以指示空速表实质上是一个测量动压的仪表，只是显示刻度转换为标准海平面状态下的速度单位。

（6）测量指示空速的作用

指示空速不等于真空速，但其反映了动压的大小，即反映了飞行时作用在飞机上的空气动力情况，所以对飞机的操纵具有重要作用。

飞机平飞时，升力等于重力。重力一定，升力也应一定，飞机才能保持平飞。由飞行原理可知

$$L = C_1 S \frac{1}{2} \rho_H V^2 = C_1 S q_H \qquad (3-28)$$

式中,L 为升力;S 为机翼面积;C_1 为升力系数,其反映了迎角的大小。

由式(3-28)可知,在小迎角范围内,迎角增大时,升力系数变大,如若保持升力不变,则必须减小动压,即减小指示空速;反之,减小迎角时,若要保持升力不变,则必须增大动压,即增大指示空速。也就是说,大的迎角对应于小的动压,即对应于小的指示空速;小的迎角则对应于大的动压,即对应于大的指示空速。飞行员根据指示空速,可以保持飞机按所需要的迎角飞行。

重要的是,指示空速对于保证飞行安全、防止失速十分重要,尤其是在起飞和着陆阶段。当飞机保持其迎角不变时,升力和阻力的大小则直接取决于动压,无论飞机在什么高度上飞行,飞行员只要保持指示空速不变,即保持动压不变,飞机就不会失速。

另外,当飞机在所需要的高度上飞行时,欲保持一定的迎角,则所需的指示空速值一般是不变的,不管飞行高度如何变化,飞行员只要记住一个指示空速值即可,而各高度上的真空速却不一样。所以,飞行员根据指示空速操纵飞机,比用真空速操纵飞机更方便。

(7) 空速表的误差

空速表的误差包括机械误差和方法误差。

机械误差由加工制造、使用磨损和变形等因素造成。机械误差的修正可借助飞机上的机械误差修正曲线表来调整,如图 3.23 所示。图中,横坐标表示仪表指示空速 V_1,纵坐标表示修正量 ΔV ,修正空速为

$$V_0 = V_1 + \Delta V$$

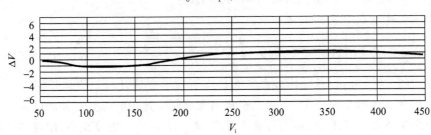

图 3.23　空速表机械误差修正量曲线

方法误差是指通过感受动压、静压而指示的真空速表,当外界压力和气温不符合标准大气条件时所产生的误差,这种误差也叫做方法误差。

当空速表接受的外界压力,即全压和静压不符合标准大气条件时所产生的误差叫做空气动力误差。当空速表少指时空气动力误差为正值,多指时则为负值。空气动力误差的大小随飞机的机型、飞行质量和表速的不同而不同,通常在表速的 2% 以内,具体的飞行员可由所使用的飞行手册中查出,在飞行中给予修正。

真空速表是根据标准大气条件下气温和静压的对应关系,通过测量静压来代替测量气温的,所以,当气温不符合标准大气条件时,将产生气温方法误差,这种当外界压力和气温不符合标准大气条件时所产生的误差叫做气温方法误差。如式(3-21)

中,$V = K\sqrt{\dfrac{T_H q_H}{P_H}}$,当动、静压保持不变,而气温较标准大气温度升高时,飞机的真空速增大,但仪表没有测量温度,则指示不会改变,所以出现少指误差;反之,气温较标准温度降低时,仪表则出现多指误差。一般情况下,误差由领航计算修正。

(8) 空速表的使用

空速,也称为表速,对飞行员来说是非常重要的。飞机飞行中,若空速太低,则性能降低且可能失速;若太高,所产生的升力可能引起飞机损坏。所以,对飞机的飞行速度要有所限制,且在空速表上应有所反映。空速表的刻度盘上一般都涂有彩色标记,如图 3.24 所示为单发动机小飞机上空速表上的标准彩色编码标记,这些标记代表不同飞行阶段的速度限制范围和各种极限速度。

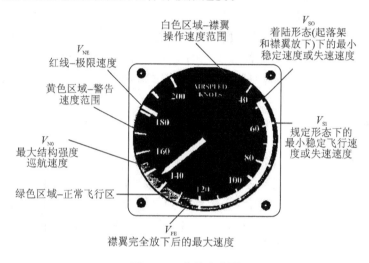

图 3.24 空速表表面

盘面上,白色区域表示襟翼操作的速度范围;绿色区域表示正常操作速度范围;黄色区域为警戒速度范围;红线则表示极限速度,若飞机以大于此速度飞行,则可能造成对飞机的损坏或结构破坏。

相关速度的限制在刻度盘上均有所反映,如图 3.24(b)盘面所示。图中:

V_{SO}:着陆形态(起落架和襟翼放下)下的最小稳定速度或失速速度。在小型飞机上,也称为着陆形态下的最大着陆重量时的无动力失速速度。

V_{SI}:规定形态下的最小稳定飞行速度或失速速度。在小型飞机上,也称为光洁形态(起落架和襟翼收上)下的最大起飞重量时的无动力失速速度。

V_{FE}:襟翼完全放下后的最大速度。

V_{NO}:最大结构强度巡航速度。

V_{NE}:极限速度。

此外,还有一些重要的空速限制没有标记在空速指示仪的表盘上,这些空速包括：设计机动速度，起落架操作速度，起落架伸出速度，最佳爬升角速度，最大爬升率速度，最小控制速度和单发失效时的最佳爬升率速度。有关这些速度的限制可以在标牌和飞机飞行手册或飞行员操作手册上查到。

空速表对飞行来讲是重要的，对仪表的检查也是必不可少的。飞机滑行前，空速表的指示应为零。飞机在开始起飞滑跑中加速时，空速表的指示应按适当的速率增大，否则，应终止起飞。

另外，空速表存在着指示误差。除了应根据其情况对机械误差和方法误差进行适当修正外，飞行中可根据综合分析空速表和发动机进气压力表、转速表、推力表以及地平仪、升降速度表、高度表和马赫数的指示，来判断空速表是否有故障。例如，在一定高度上，俯仰角和升降率一定，空速和发动机功率不相对应；或在一定高度上，马赫数变化，而空速没有相应变化，均说明空速表有故障。当空速表出现故障后，可以根据空速与"发动机功率—飞机姿态"组合的对应关系来控制飞机的速度。

仪表检查：使用空速表时，注意仪表的检查。起飞前，空速指示仪读数应该为 0。但是，如果有直接吹向皮托管的风，空速指示仪的读数可能比 0 大。当飞机开始起飞时，确认空速以适当的速度在增加。

3.1.3 马赫数表

马赫数为飞行速度与飞机所在高度的声速之比。当飞机的飞行马赫数 Ma 超过临界的马赫数 Mcr 时，飞机某些部位由于局部激波的出现，使得飞机的空气动力特性要发生显著的变化，导致飞机的稳定性和操纵性变坏。这时，仅仅根据空速表来判断飞机所受空气动力情况是不够的，还必须借助于马赫数传感器来测量 Ma，图 3.25 所示为马赫数表。

(a) 刻度范围大于 1.00 Ma

(b) 刻度范围为 0.5~1.0 Ma

图 3.25　马赫数表表面

由于，$Ma = \dfrac{V}{a}$

而 $$a = \sqrt{KgRT_H} \approx 20\sqrt{T_H} = a_0\sqrt{\dfrac{T_H}{T_0}} \qquad (3-29)$$

式中，a_0 为标准海平面处的声速。当飞行速度低于 400 km/h 时，即认为空气是不可

压缩的,由前述可知

$$V = K\sqrt{\frac{T_H q_H}{P_H}} \tag{3-30}$$

所以,

$$Ma = \frac{1}{a_0}\sqrt{\frac{2T_0\Delta P}{T_H P_H}} = A\sqrt{\frac{\Delta P}{P_H}} = f(\Delta P, P_H) \tag{3-31}$$

式中,$A = \frac{1}{a_0}\sqrt{\frac{2T_0}{T_H}}$,为常数。

当飞行速度高于 $400\ \mathrm{km/h}$ 时,即认为空气是可压缩的

$$V = \sqrt{\frac{2kP_H}{(k-1)\rho_H}\left[\left(1+\frac{\Delta p}{P_H}\right)^{\frac{K-1}{k}}-1\right]} = f(\Delta P_1, \rho_H, P_H) \tag{3-32}$$

所以

$$Ma = \sqrt{\frac{2}{k-1}\left[\left(\frac{\Delta P}{P_H}+1\right)^{\frac{k-1}{k}}-1\right]} = f(\Delta P, P_H) \tag{3-33}$$

式中,k 为绝热指数。

可见 Ma 仅与 ΔP、P_H 有关而与 T_H 无关。故马赫数表的结构和工作原理与真空速表类似,只是各元件及结构的数值不同而已。也就是说,测量动压和静压,即可反映 Ma。

真空速的表达式如下:

$$V_t = \sqrt{\frac{2q_H R T_H}{P_H}} \tag{3-34}$$

分析式(3-34),若静压 P_H 及温度 T_H 不变,动压 q_H 增加,则真空速 V_t 增大,声速 c 不变,马赫数 Ma 增大;若动压 q_H 及 T_H 不变,静压 P_H 减小,则真空速 V_t 必增大,声速 c 不变,马赫数 Ma 增大;若 q_H 及静压 P_H 不变,T_H 增高,则真空速 V_t 和声速 c 按同比例增大,马赫数 Ma 不变。由此可知,马赫数与温度无关,仅由动压和静压确定。

就结构而言,由于马赫数表与温度无关,所以其组成中没有温度膜片,马赫数表基本上是一只用膜盒测量大气压力的空速表,现代航空中,有的飞机上采用一种优化面板的空速—马赫数组合表,如图 3.26 所示,这种表可同时显示空速、马赫数和马赫数极限值。

图 3.26　空速—马赫数组合表表盘

3.1.4 升降速度表

单位时间内飞行高度的变化率称作升降速度或垂直速度。用于指示飞机升降速度的仪表即称为升降速度表或升降速度指示器。升降速度表的主要作用是测量飞机爬升或下降的速率,是飞机基本的仪表之一。由于升降速度是保持飞机水平飞行所需要的参数之一,所以就保持飞机的平飞来讲,升降速度表也是很有用的仪表。如果升降速度表指零,说明飞机处于平飞状态;如果升降速度表指示不为零,则说明飞机处于上升(指示大于零)或下降状态(指示小于零)。所以,其可以作为航空地平仪的辅助仪表使用,尤其是在能见度较差的情况下,可以很好地配合航空地平仪使用。另外,根据升降速度还可以计算飞机在一定时间内上升(或下降)的高度,以及爬升(或下降)一定高度所需要的时间。

飞机上常用的为压力式空速表,图 3.27 和图 3.28 分别为这种升降速度表和升降速度表的表盘。爬升或者下降速率以每分钟英尺为单位显示;正确的校正后,升降速度表在水平飞行时显示读数为 0。

图 3.27　升降速度表　　　　　　　图 3.28　升降速度表表盘

1. 升降速度表的结构与原理

压力式升降速度表的组成结构如图 3.29 所示。图 3.29 (a)为飞机上常用的升降速度表结构图;图 3.29(b)为升降速度表的组成原理图。

升降速度表采用薄型且灵敏度较高的金属膜盒,膜盒的一侧通过一较粗的管路与静压管路连接,仪表的气密壳体通过一个特定统一尺寸的开孔极小的出口通道也与静压管路相连;膜盒的另一侧通过连杆和齿轮与指示器指针连接。

压力式升降速度表的原理图如图 3.30 所示。

升降速度表的指示取决于膜盒的膨胀和收缩,而膜盒的膨胀和收缩又取决于其内外两侧的压力差。

当飞机高度变化时,外界气压(静压)随之改变。飞机升降速度越快,气压变化率

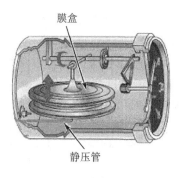

(a) 升降速度表结构图

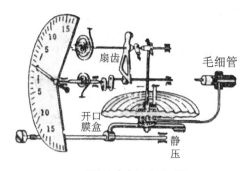

(b) 升降速度表组成原理图

图 3.29　压力式升降速度表的组成结构图

越大。升降速度表就是利用特定的开孔极小
的出口通道，即校准泄漏口（常称其为毛细
管，见图 3.29（b）和图 3.30 所示），对气流的
阻滞作用，将气压的变化率转变为压力差，利
用开口膜盒感受这种压力差，从而来测量飞
机的升降速度。

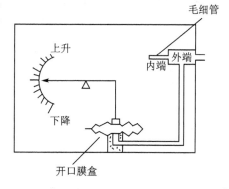

图 3.30　升降速度表原理图

　　下面就不同的升降速率情况进行分析。

　　当飞机平飞，即升降速率为零时，表壳内
外的压力相等，膜盒内外无压差，仪表指示
为零。

　　当飞机上升，即升降速率大于零时，外界
的气压不断减小，气密壳体中和膜盒内的空气同时向外流动。膜盒内的空气通过较
粗导管流出并迅速达到与外界的平衡，而气密壳体中的空气则通过出口通道流出，由
于出口通道开口极小，气流受阻滞，流动缓慢，因而气压减小较慢，故而与外界气压造
成压力差。飞机上升越快，压力差越大。在此压差的作用下，膜盒收缩，通过传动机
构，使指针上指，表示飞机上升。

　　飞机下降，即升降速率小于零时的情况与上述情况相反，膜盒膨胀，通过传动机
构，使指针下指，表示飞机下降。

　　当飞机由上升改为平飞时，外界的气压不再变化，膜盒内的气压也不再变化。仪表气
密壳体中的气体在剩余压差的作用下，缓慢向外流动，经过一定的时间，气密壳体中的气
压与外界的气压相等，膜盒内外的压力相等，压差为零，指针则回零，表示飞机平飞。

　　升降速度表之所以能反映升降速度，是因为仪表气密壳体中的气压变化速度取
决于出口通道的气流速度，而通过出口通道的气流速度又取决于该通道两端的压力
差，即膜盒内外压力差。当上升速度一定时，外界压力降低速度也一定，而当出口通

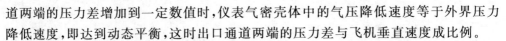

道两端的压力差增加到一定数值时,仪表气密壳体中的气压降低速度等于外界压力降低速度,即达到动态平衡,这时出口通道两端的压力差与飞机垂直速度成比例。

由此可知,飞机从水平飞行进入爬升或下降状态时,升降速度表会反映这种变化。即升降速度表能够显示两类不同的信息,即及时显示飞机爬升或者下降速度增加或者降低的趋势信息;通过给出的速率信息显示稳定的高度变化速度。

升降速度表的指示部分由指针和刻度盘组成,见图 3.28 所示。指针由零刻度起可上转 180°或下转 180°;刻度盘对称地分为上下两部分。刻度盘上的刻度,上半部表示上升的速度,下半部则表示下降的速度,如图 3.28 所示,测量范围为±20 m/s。

2. 升降速度表的误差

升降速度表的误差包括气温误差和延迟误差。

(1) 气温误差

当飞机外部、仪表密闭壳体内部的气温和出口通道,即校准泄漏口中的平均气温不相等时,出口通道两端会出现压力差,从而导致仪表的指示出现误差,这种误差称为气温误差。

气温误差的大小与升降速度有关。升降速度越大,误差越大。气温误差的相对值,最大时为 30%。所以,采用升降速度表检查飞机的平飞仍可以具有较高的准确度。

(2) 延迟误差

延迟误差是指飞机的升降速度跃变时,升降速度表的指示值与实际升降速度值之差。当飞机的升降速度跃变时,升降速度表会立即测量到这个变化,显示爬升速率的变化,这个最初的表现即为趋势。经过很短时间后,升降速度表的指针才稳定在新的爬升率上。即需经过一段时间才能指示出相应的升降速度值,也就是说,仪表的指示与实际速度值相比出现了误差,需经过一定时间仪表的指示才可接近相应的稳定值。自升降速度开始跃变到指示接近相应的稳定值所经过的时间称为延迟时间,如图 3.31 所示,延迟时间内仪表指示值与实际值之差称为延迟误差。

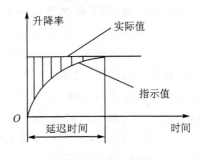

图 3.31　延迟误差

延迟误差与空速表的特质小孔,即毛细管的粗细和长短有关,此外,还与飞机的升降速度及飞行高度有关。飞机升降速率越大,膜盒内外压力差也越大,延迟误差就越大,延迟时间也越长。

飞机在高空飞行时,由于空气密度小,校准泄漏口,即毛细管两端由出现压力差到达到动平衡所需的时间稍长,因此,高空飞行时延迟时间稍长;相应地,低空飞行时延迟时间则短一些。一般说来,升降速度表的延迟时间只有几秒钟。零位附近误差很小。

现代航空技术中,为了减小延迟误差的影响,往往采用惯性超前技术来设计升降速度表,以减小升降速度表的滞后时间。例如,某些飞机上就装配有一种实时升降速度表(IVSI),这种表盘上具有 IVSI 标志,通过采用随飞机同步运动的两个小型的加速度计,来感应飞机爬升或下降时的初始加速度,并在指示器对静压变化做出反应之前给出瞬时响应。其结果,如与姿态指示器配合使用得当,则可在机翼水平爬升和下降时,优化升降速率的控制,在任意时刻即时准确地指示出飞机的升降率,几乎没有任何延迟。

3. 升降速度表的使用

由以上分析可以看出,升降速度表的延迟误差直接与飞行中升降的变化率相关。为了减小升降速度表的延迟误差,飞机升降速率的越变量不应过大。要求飞行员操纵飞机时,移动驾驶杆要柔和、平稳,动作量不能太大。操作中要同时注意地平仪的指示,以保持飞机的状态。改平飞行时,俯仰操纵要留有提前量。

由于升降速度表零刻度附近误差很小、仪表很灵敏,所以飞机一旦出现上升或下降的情况,仪表会立即偏离零位。因此由升降速度表可以很好地了解飞机的上升、下降或者平飞等情况。

使用升降速度表时,应进行校准,使其正确地反映飞机的升降率。飞行中,注意升降速度表和航空地平仪的配合使用。要保证飞机的飞行高度,升降速度表指示应为零。如果指示不为零,则应配合航空地平仪的指示,通过改变飞机的状态来保持飞机的平飞。例如升降速度表指针的指示大于零,则参考航空地平仪的指示,向下调整俯仰姿态,制止飞机的爬升趋势,恢复飞机的平飞状态。

当遇到颠簸气流造成指针上下摆动时,则读数可取平均值。一般在这种情况下,升降速度表的指针的摆动量不会太大,所以修正量不要太大,同时注意飞机的姿态的调整。

在飞机爬生和下降期间,参考升降速度表,可以使飞机保持需要的上升率来改变飞行高度,但必须注意要配合航空地平仪和发动机相关仪表的指示,配合相应的俯仰姿态和功率的调整。

3.1.5　全静压系统

全静压系统(Pitot - static System),又称为皮托静压系统,用来为需要全压、静压的仪表和系统设备提供压力源。

1. 全静压系统组成

全静压系统的组成如图 3.32 所示。全静压系统由全压管、静压孔、备用静压源、转换开关、加温装置和连接导管等组成。

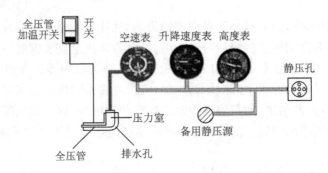

图 3.32 全静压系统

全压管用于收集全压,所收集的全压经全压室、全压接头和全压导管进入仪表。全压室下部有排水孔,以便将全压室中凝结成的水排出。全压管头部一般装有加温元件,用来给全静压管加温。当加温部分的电阻通电时,可使全静压管内部保持一定温度,防止气流中的水汽因气温降低而在管内结冰,影响全静压管和有关仪表的工作。

静压孔用于收集静压,位于全静压管中没有紊流的地方。静压经静压室、静压接头和静压导管进入仪表。大多数飞机上都装有备用静压源选择开关,当正常静压源失效时,可用它选择机舱内或机身内部(密封舱外)的备用静压源。

全静压仪表一般来说都是很可靠的,但是当由于结冰、赃物及昆虫等因素引起全压管和静压孔堵塞时,将会产生误差,并对一些仪表的指示产生影响。

2. 全静压系统的堵塞故障

(1) 全压管堵塞

当全压管堵塞时,仅对空速表的指示产生影响。该系统堵塞分为以下两种情况:

① 全压管堵塞,而管上的排水孔未堵塞。在这种情况下,外界空气不能进入全压系统,系统内原有的空气又会从排水孔流出,管内余压将逐渐降至外界空气压力。空速表感受到的全压和静压之差为零,表上的读数会逐渐降为零,空速表上的指示会与飞机在停机坪上静止不动时的指示相同,所不同的是,空速表的指示不是立即而是逐渐降为零的。

② 全压管和排水孔都堵塞。在这种情况下,外界空气不能进入全压系统,系统内原有的空气又流不出来,从而造成实际空速改变时,管内空气压力无变化。空速表的指示也无明显变化。若静压孔在此情况下未堵塞,空速则仍会随高度变化。当飞行高度超过全压管和排水孔堵塞时的高度时,由于静压降低,全压与静压之差增大,空速表指示增加。若飞行高度低于全压管和排水孔堵塞时的高度时,空速表的指示就会较小。

(2) 静压孔堵塞

静压孔堵塞,会影响空速表、高度表和升降速度表的工作。

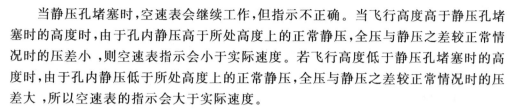

当静压孔堵塞时,空速表会继续工作,但指示不正确。当飞行高度高于静压孔堵塞时的高度时,由于孔内静压高于所处高度上的正常静压,全压与静压之差较正常情况时的压差小 ,则空速表指示会小于实际速度。若飞行高度低于静压孔堵塞时的高度时,由于孔内静压低于所处高度上的正常静压,全压与静压之差较正常情况时的压差大 ,所以空速表的指示会大于实际速度。

静压孔堵塞会影响高度表的指示。静压孔堵塞的情况下,即使高度变化,由于系统中的气压没有变化,所以高度表的指示也就不会有相应的变化。

升降速度表也与静压系统相连,静压孔堵塞则必然会对升降速度表的指示产生影响。如果静压系统完全堵塞,由于静压无变化,所以升降速度表上的指示就会为零。

3. 使用注意事项

飞行前,应取下全压管布套,并检查全压管和静压孔开口。若发现开口堵塞,应由机务人员进行清洁;另外,按规定对皮托静压管和电加温装置进行检查;全静压系统的转换开关应置于正常的位置。

飞行期间,临近结冰温度时,全压管中的水汽可能会因温度降低结冰而引起堵塞,因此,在可能结冰的条件下飞行时,如果机上有全压管加温设备,应接通加温设备,防止全压管结冰。

如前所述,静压的变化会影响空速表、高度表的指示,所以当飞行条件变化时,易使静压孔周围的空气受到扰动,从而引起静压的变化,所以要注意检查静压系统的位置误差。

飞行中,如果静压孔堵塞,则应转换到备用静压系统上去。需要说明的是,备用静压源通常连通驾驶舱的压力。驾驶舱内空气流动的文氏管效应,会导致机身内的压力略微减小,也就是说,备用静压源通常比正常静压空气源的压力低。所以,当使用备用静压源时,高度表的指示会高于实际高度,空速指示会大于实际空速,升降速度表会指示爬升而实际飞机是平直飞行的。

如果全/静压系统堵塞,而又没有备用系统,则应根据全/静压系统仪表的工作原理正确判断受影响的仪表,并综合其他仪表的指示,保证飞机的正常飞行。

3.2 迎角和侧滑角的测量

迎角也称为攻角,可定义为飞机机翼弦线与迎面气流间的夹角。侧滑角是飞机速度向量 $\vec{V}$ 与飞机对称平面间夹角。二者均反映飞机轴线与气流方向间的夹角。

迎角大小与飞机的升力和阻力密切相关,当迎角达到临界迎角时,飞机将发生失速,所以,迎角的测量是十分重要的。一方面,将测得的迎角信号输送给仪表显示或失速告警系统,以供飞行员观察;另一方面,将测得的迎角信号作为原始参数输送给大气数据计算机系统。飞行控制系统中亦常引入迎角信号以限制最大法向过载。

实际上，在飞机上要准确测量真实迎角是非常困难的。由于飞机和迎角传感器对气流存在干扰，使飞机上不同位置处的气流流场与理想流场间存在差别，因此，迎角传感器只能测量出传感器所在处的气流方向与飞机弦线间的夹角，即局部迎角。

当机翼(或机身)的迎角改变时，机翼上、下表面的压力将发生变化。压力的重新分配将使机翼产生一个与迎角大小有关的压力差。故可用压力差来衡量迎角的大小，制成迎角传感器。

图 3.33(a)和(b)所示分别为迎角传感器和迎角指示器。

(a) 迎角传感器　　　　　　　　　(b) 迎角指示器

图 3.33　迎角传感器和指示器

驾驶舱的迎角指示器形态各异。刻度可以是实际角度、各种单位、符号式或实用升力百分比等，通常可采用圆形刻度盘或垂直带式数据形式。

常用的迎角传感器可分为风标式迎角传感器和零压差式迎角传感器两种。

3.2.1　风标式迎角(侧滑角)传感器

风标式迎角(侧滑角)传感器如图 3.34 所示，因其具有对称剖面并随气流变化而转动的翼形叶片而得名。图 3.34(a)为迎角(侧滑角)传感器。图 3.34(b)为迎角(侧滑角)传感器在飞机上的安装。

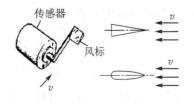 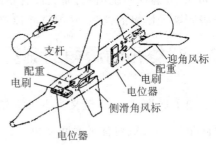

(a) 迎角(侧滑角)传感器　　　(b) 迎角(侧滑角)传感器在飞机上的安装

图 3.34　风表式迎角(侧滑角)传感器

图 3.35 所示为典型风标式迎角传感器
的结构原理。风标式迎角传感器由翼形叶
片、放大传动机构和电位计构成,翼形叶片
与放大传动机构的轴固连,传动机构的另一
端与电刷固连。当翼形叶片中心线平行于
迎面气流时(即迎角 $\alpha = 0$ 时),作用于叶片
上、下表面的压力相等,叶片不转动,电刷处
于中立位置,无电信号输出;当飞机以一定
的迎角飞行时,作用在叶片上、下表面的气

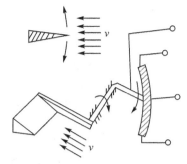

图 3.35　风标式迎角传感器原理图

动力不相等,产生压差,使叶片绕其轴旋转,直到中心线与迎面气流方向一致为止。
叶片转角就是飞机当时的迎角,经放大传动机构,带动电刷转动,输出与迎角成比例
的电信号。

风标式迎角传感器因其能使翼面与气流方向一致而得名。为使风标(叶片)工作
稳定,风标式迎角传感器装有阻尼器;为防止风标表面结冰,传感器还应有加温装置。

风标式迎角传感器通过感受气流来测量飞机的迎角,所以必须正确地安装。一
般安放在机头或机翼处。如果必须安放在其他地方,则需经过风动和飞行试验校正
误差,保证测量准确。制造良好,安装正确的迎角传感器可达较高精度,如可达
$\pm 0.1° \sim \pm 0.2°$。

值得指出的是,若将具有对称剖面的翼形叶片安放在机体坐标系的 xoz 平面
中,则传感器可用来测量飞机的侧滑角。

3.2.2　零压差式迎角传感器

图 3.36 所示为零压差式迎角传感器原理结构。零压差式迎角传感器由敏感部
分(探头)、变换传动部分(气道、气室和桨叶)、输出部分(电刷、电位计)和温控部分
(探头、壳体加热器及其温度继电器)组成。探头是一个圆锥,中间有隔板,中心线两
侧有两排对称的进气孔。圆锥形探头与中间有气道的空心轴相连,在空心轴上固定
着桨叶和电刷。飞行时探头的轴线平行于飞机的横轴 OY(若轴线平行于飞机的纵
轴 OX,则可测出飞机的侧滑角)。

零压差式迎角传感器测量飞机迎角的原理是:当迎角为零时,两排对称测压孔均
正对着迎面气流,夹角相等,感受压力相等,桨叶不动,无信号输出;当迎角不为零时,
两排测压孔感受的压力 P_1 和 P_2 不相等,设 $P_2 > P_1$,不同压力的气流经过各自的气
道进入气室,分别作用于等面积的桨叶,产生沿 OY 轴的负向力矩,使桨叶和探头转
动,直至压差 $\Delta P = P_2 - P_1$ 为零。此时两排对称测压孔均正对着迎面气流。显然,
探头的转角等于飞机当时的迎角;固定在转轴上的电刷也转过相同的角度,并输出与
迎角成比例的电信号。

零压差式迎角传感器具有较好的阻尼,输出的电信号比较平稳,精度可达 0.1°,

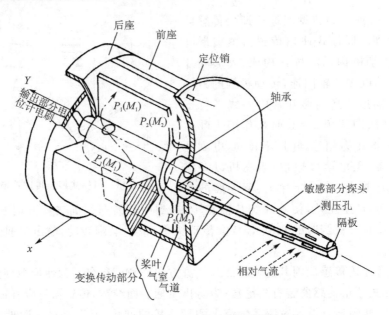

图 3.36 零压差式迎角传感器结构图

传感器只有探头露在飞机蒙皮之外,对飞机造成的附加阻力较小。缺点是结构比较复杂,装配精度要求较高。

零压差式迎角传感器可为大气数据计算机等要求信号精度较高的设备和系统提供迎角信号。

3.3 大气数据计算机系统

飞机的飞行高度、高度变化率、空速、马赫数等飞行参数是飞机发动机、自动控制系统、导航系统、空中交通管制系统以及飞行驾驶仪表显示等系统不可或缺的重要信息。这些大气数据信息的准确性对保证飞行安全具有重要的作用。而这些重要的大气参数又均与总压、静压等大气参数有关。因此,只要测量出总压、静压、总温等少数大气参数,则通过计算即可得到上述各个飞行参数。大气数据计算机系统(ADCS),就是这样一种根据传感器测得的少数原始参数,如总压、静压、总温等参数,计算出较多的与大气数据相关的飞行参数的多输入多输出的机载综合测量系统。

大气数据计算机系统,既可通过显示装置,作为指示仪表,指示出飞机的高度、空速、马赫数、大气温度等,供飞行人员判读,又可代替分立的、数目众多的仪表与传感器,为自动飞行控制系统、惯性导航系统、空中交通管制等系统输送信号。

大气数据计算机的主要优点是减少了大量重合的分立式仪表和传感器,从而减小了体积、减轻了质量;提高了参数的测量精度,如采用高精度压力传感,采用误差补偿等从而提高测量精度;提高了信息一致性;提高了可靠性,通常都设有自动检测和

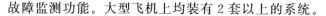

故障监测功能。大型飞机上均装有 2 套以上的系统。

　　大气数据计算机有三种基本形式,即模拟式大气数据计算机、数字式大气数据计算机和混合式大气数据计算机。模拟式大气数据计算机(ADC)可为机电伺服仪表提供信号,其结构复杂,可靠性差,输出信号误差大,加工、装配、调试和维修工作量大,体积、质量大,功耗也高;数字式大气数据计算机(DADC),输出数据通过数据总线传输至各类数字仪表,广泛应用于现代民机上;混合式大气数据计算机既可以输出数字信息,也可以给出模拟信号,可归类于数字计算机。所以,可将数字式大气数据计算机和混合式大气数据计算机统称为数字式大气数据计算机。本节将介绍数字式大气数据计算机。

3.3.1　数字式大气数据计算机

　　数字式大气数据计算机是采用集成电路实现电子计算的,其原理方框图如图 3.37 所示。数字式大气数据计算机由传感器、输入接口、中央处理机和输出接口等部分组成。

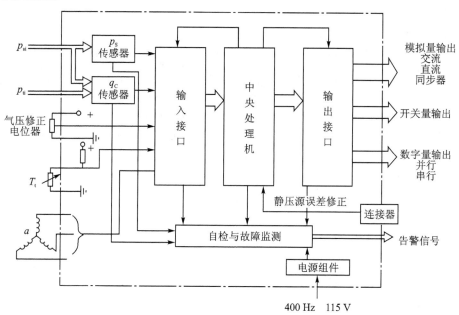

图 3.37　数字式大气数据计算机的原理方框图

1. 组成及基本工作原理

大气数据计算机主要由以下几大部分组成:

(1) 传感器

大气数据计算机的原始信号分别由各传感器给出。

总压和静压传感器输出全压和静压信号。在数字式大气数据计算机中均采用高精度、重复性和稳定性好、迟滞误差小的小型压力传感器,输出全压和静压信号。

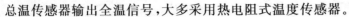

总温传感器输出全温信号,大多采用热电阻式温度传感器。

迎角传感器给出飞机的局部迎角信号,大多采用零压差式迎角传感器。

这些传感器的输出信号有的是直流信号,有的是交流信号,还有的是频率信号和三线交流信号。

(2) 输入接口

输入接口将各种传感器输出的信号转换成计算机所需要的数字量。对输出频率信号类型的传感器主要采用频率(或周期)/数字转换器;对输出直流电压信号类型的传感器采用模拟/数字转换器;对输出三线交流电压类型的传感器则采用一种特殊变压器将其转换成按正弦和余弦变化的直流信号,再由模拟/数字转换器转换。

(3) 中央处理机

中央处理机常采用微型计算机,在程序存储器指引下,完成各种参数计算任务,并协调控制整个大气数据计算机的工作。目前大多采用 16 位字长的计算机。

(4) 输出接口

根据各种机载系统的要求,将中央处理机计算的结果转换成一定格式的串、并行数字量、离散量和模拟机载系统要求的模拟量。

(5) 自检和故障监测系统

自检,主要用于飞机起飞前或飞行后的检查,使空、地勤人员能迅速判断大气数据计算机的工作状况;故障监测,主要是逻辑监控器,主要用于飞行过程中连续检测大气数据计算机各部分的故障,并诊断出故障源,根据故障的性质发出相应的告警信号并将故障信息存储下来,供维修人员使用。自检和故障监测系统由专用的硬件和软件实现。自检和故障监测系统是现代航空电子机载设备的重要部分,对于提高系统的可靠性、可维护性和使用效率具有重要意义。

大气数据计算机基本工作原理如下:

大气数据计算机各传感器给出的信号,经多路传感器和 A/D 转换器,变成数字计算机能够接受的数字形式,输入至计算装置,即微处理器,自动计算飞机的高度、空速、升降速度、马赫数、静温等飞行数据,这些数据为数字形式,再经 D/A 转换器和多路输出器转换为模拟信号或离散信号,供显示器和各机载设备使用。大气计算机输出的信号有:大气总压、指示静压、真实静压、真实动压、气压高度、气压修正高度、高度差、升降速度、真空速、指示空速、最大允许空速、马赫数、马赫数变化率、最大允许马赫数、静温、大气总温和迎角等。

2. 参数计算原理

数字式大气数据计算机的所有参数解算都是由软件来实现的。下面以升降速度 V_z、马赫数及马赫数变化率的计算为例来介绍参数解算的基本方法和一般的计算原理。

(1) 升降速度 V_z 的计算原理

升降速度 V_z 为

$$V_z = \frac{dH}{dt} = \frac{dH}{dp_s} \cdot \frac{dp_s}{dt} \qquad (3-35)$$

式中，$\dfrac{dp_s}{dt}$ 为静压变化率；$\dfrac{dH}{dp_s}$ 为标准气压高度曲线的斜率。

当时间间隔 t 比较小时：

$$\frac{dp_s}{dt} \approx \frac{\Delta p_s}{\Delta t} = \frac{p_s - p_{s0}}{t - t_0} \qquad (3-36)$$

式中，p_{s0} 为前一时刻 t_0 时的大气静压，p_s 为时刻 t 时的大气静压，而 $\dfrac{dH}{dp_s}$ 可由标准气压公式求得。升降速度的计算原理如图 3.38 所示。

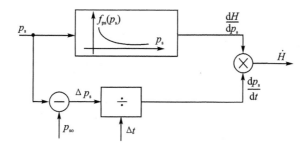

图 3.38　升降速度 V_z 的计算原理

（2）马赫数 Ma 及马赫数变化率 $\dot{Ma}$ 的计算原理

马赫数 Ma 是总压 p_t 和静压 p_s 比值的函数，即

$$Ma = f_{Ma}\left(\frac{p_t}{p_s}\right) \qquad (3-37)$$

马赫数变化率 $\dot{Ma}$ 为

$$\dot{Ma} = \frac{dMa}{dt} = \frac{dMa}{d\left(\dfrac{p_s}{p_t}\right)} \cdot \frac{d\left(\dfrac{p_s}{p_t}\right)}{dt} \qquad (3-38)$$

而

$$\frac{d\left(\dfrac{p_s}{p_t}\right)}{dt} = \frac{p_t\left(\dfrac{dp_s}{dt}\right) - p_s\left(\dfrac{dp_t}{p_t^2}\right)}{p_t^2} \qquad (3-39)$$

将式（3-39）带入式（3-38）可得

$$\dot{Ma} = \frac{dMa}{d\left(\dfrac{p_s}{p_t}\right)} \frac{p_s}{p_t}\left(\frac{\dot{p}_s}{p_s} - \frac{\dot{p}_t}{p_t}\right) = f_{\dot{Ma}}(Ma)\left(\frac{\dot{p}_s}{p_s} - \frac{\dot{p}_t}{p_t}\right) \qquad (3-40)$$

当 $Ma < 1$ 时

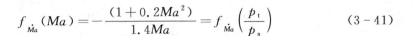

$$f_{\dot{Ma}}(Ma) = -\frac{(1+0.2Ma^2)}{1.4Ma} = f_{\dot{Ma}}\left(\frac{p_t}{p_s}\right) \qquad (3-41)$$

当 $Ma > 1$ 时

$$f_{\dot{Ma}}(Ma) = -\frac{(7Ma^2-1)Ma}{7(1-2Ma^2)} = f_{\dot{Ma}}\left(\frac{p_t}{p_s}\right) \qquad (3-42)$$

故马赫数与马赫数变化率的计算原理如图 3.39 所示。

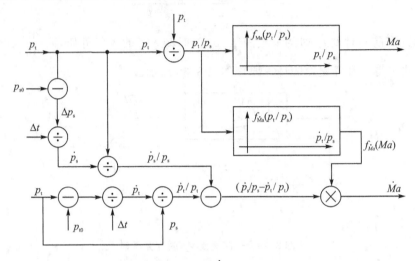

图 3.39　Ma 及 $\dot{Ma}$ 的计算原理

关于其余大气参数的计算方法,在此不做详细介绍了,可参阅相关的资料。

大气数据计算机系统的输出信号除了用于仪表的指示外,还向飞机的其他设备提供信号,所以,飞机上多采用两套大气数据计算机系统,以保证飞行中大气数据计算机系统的正常工作。

3.3.2　数字式大气数据计算机输出参数的显示

大气数据计算机系统的指示仪表为电动大气数据仪表,包括电动马赫数/空速表、电动高度表、电动升降速度表、真空速表和全温/静温表。这些表可分为机械指针式和数字式两种。

机械式仪表包括电动马赫数/空速表、电动高度表、电动升降速度表、真空速表和全温/静温表。

1.　机械式大气数据仪表

(1) 电动马赫数/空速表

电动马赫数/空速表主要显示指示空速、马赫数和最大空速,如图 3.40 所示。

电动马赫数/空速表的空速指针直接指示出飞机目前的指示空速值;空速窗口以

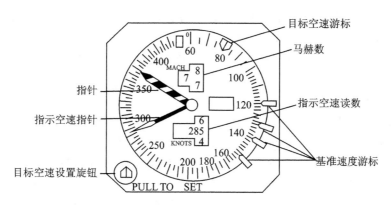

图 3.40　电动马赫数/空速表正常显示

数字形式显示出飞机目前的指示空速;最大空速指针用于指示出最大空速限制值;马赫数窗口则以数字形式显示出马赫数值,范围在 0.40~0.99 之间,当飞机的马赫数低于 0.4 时,一块黑色挡板将盖住窗口。

　　盘面左下方的目标空速设置旋钮用于进行目标空速的设置。目标空速是计划下一步要达到的空速,目标空速和实际空速之差作用于自动驾驶仪或最大油门,通过改变飞机的姿态或发动机的推力,以使飞机的空速达到目标空速值。

　　目标空速的设置可通过自动和人工两种方法来实现。拉出空速设置旋钮并转动该旋钮可完成人工调定目标空速;推入该旋钮,则可完成目标空速的自动设置。自动设置可采用两种方式:一种方式是,当垂直导航(VNAV)方式未接通时,由模态方式选择板(MCP)上的目标空速选择旋钮来设值目标空速;另一方式是 ,当 VNAV 方式接通时,由飞行管理计算机系统(FMCS)所计算的或在 FMCS 的控制显示单元(CDU)上选择的目标空速来自动设置目标空速。

　　表上的基准速度游标用于设置飞机起飞和着陆时的基准速度。基准速度和目标速度的区别在于基准速度只供飞行员参考,而不会对油门和自动驾驶仪起作用。

　　电动马赫数/空速表上还有些警告显示,如图 3.41 所示。当大气数据计算机的

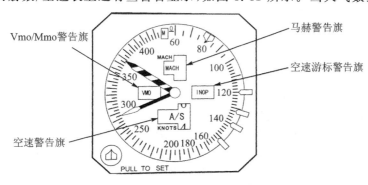

图 3.41　电动马赫数/空速表警告旗显示

指示空速不可靠时,A/S 警告旗将出现;当马赫数不可靠时,MACH 警告旗出现;当最大空速指示不可靠时,VMO 警告旗出现;当目标空速处于自动设置方式且目标大于 Vmo/Mmo 时,INOP 警告旗出现;当空速游标由人工设置时,仪表上方的 M 旗出现。

(2) 电动高度表

电动高度表用于显示大气数据计算机输出的气压高度信号,如图 3.42(a)所示。来自 1 000 ft 的粗高度信号经放大之后传递给随动机构,带动指针和数字显示。低于 1 000 ft 的精高度信号经放大器放大之后传递给随动系统,带动指针指示和数字显示,如图 3.42(b)所示。当高度不足 1 000 ft 时,有黑白相间的条纹出现,如图 3.42(b)右侧"(2)"所示。当高度低于海平面时,显示窗口第一位上有 NEG 字符出现,如图 3.42(b)右侧"(1)"所示。当高度数据不可用或高度表无电源时,OFF 旗出现,如图 3.42(b)右侧"(3)"所示。

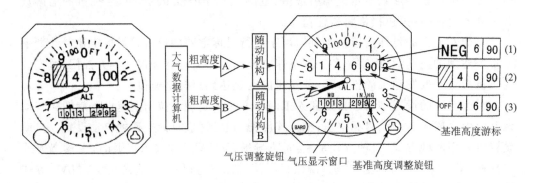

(a) 电动高度表   (b) 电动高度表的显示

图 3.42　电动高度表

电动高度表的气压数字范围为 22.01～31.11 inHg。仪表右下方具有基准高度调节旋钮,用于人工调节表上的高度游标。

(3) 电动升降速度表

电动升降速度表接受大气数据计算机输出的高度变化率信号,参数显示如图 3.43 所示。当大气数据计算机给出的高度变化率信号无效或表无电源时,OFF 旗出现。

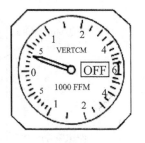

图 3.43　电动升降速度表

(4) 总温/静温/真空速综合指示器

在大多数飞机上,均采用总温/静温/真空速综合指示器,显示相应的信息,如图 3.44 所示。总温/静温/真空速综合指示器的信息来自大气数据计算机。

总温/静温表:显示总温、静温信号。综合指示器的右窗口可显示静温或总温,单

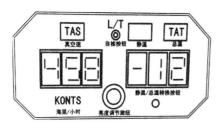

(a) 总温指示

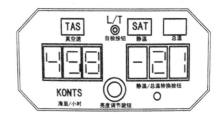

(b) 静温指示

图 3.44　全温/静温/真空速综合指示器

位为℃,通过按压静温/总温转换按钮来进行切换。当选择总温时,TAT 字符点亮,如图 3.44 (a)所示。来自总温、静温传感器的测量信号,经斩波器变为交流信号,输送到随动系统放大器,由电机带动计数器显示出被测信息。

当选静温时:总温信号经大气数据计算机按静温和总温之间的关系计算后,输出静温信号。当选择静温时,SAT 字符点亮,如图 3.44 (b)所示。

真空速表:真空速表接受来自大气数据的真空速模拟电压,在表上显示出来。综合指示器的左窗口采用字符 TAS 显示真空速,单位为节(kn)。

2. EFIS 飞机上的大气数据仪表

在装有 EFIS(电子飞行仪表系统)的飞机上,大气数据参数均集中显示在主飞行显示器 PFD 和系统显示器 SD 上,详见第 5 章所述,在此不作详细介绍。

复 习 题

1. 叙述飞行高度的定义。
2. 简述气压式高度表的功用和基本测量原理。
3. 分析高度表的误差并说明使用中要注意的问题。
4. 理解气压式高度表的方法误差;说明气压方法误差和气温方法误差。
5. 说明空速、真空速、指示空速的含义。
6. 如何理解指示空速与空气动力密切相关?
7. 为什么要测量指示空速?
8. 简述压力式空速表的功用和基本测量原理。
9. 说明升降速度表的组成和测量升降速度的基本原理。

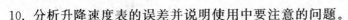
10. 分析升降速度表的误差并说明使用中要注意的问题。

11. 在什么情况下,升降速度表能准确地反映飞机的升降速度?

12. 迎角传感器有几种类型? 各有什么特点?

13. 说明风标式迎角传感器测量迎角的基本原理。

14. 说明零压差式迎角传感器的基本结构和测量迎角的基本原理。

15. 数字式大气数据计算机的输入量和输出量有哪些参数?

16. 叙述数字式大气数据计算机的基本组成和工作原理。

17. 数字式大气数据计算机的指示仪表有哪几种?

18. 电动空速表上的基准游标和空速游标有何不同? 飞行中如何使用?

19. 电动高度表上出现 NEG 是什么意思?

第 **4** 章

姿态和航向测量仪表

  姿态和航向是保证飞机安全可靠飞行的十分重要的参数。测量飞机姿态角和姿态角速度以及航向角和航向角速度的一些仪表，称为姿态和航向测量仪表。这些仪表可为飞行员提供俯仰角、倾斜角和转弯角速度等目视信号。小型飞机上所使用的姿态测量仪表主要是航空地平仪和转弯侧滑仪；航向测量仪表主要是磁罗盘、陀螺半罗盘和陀螺磁罗盘。大、中型飞机上姿态测量则采用姿态基准系统；航向测量则采用罗盘系统等。

  航空地平仪、转弯仪、陀螺磁罗盘等都是利用陀螺特性工作的，因此也称这类仪表为陀螺仪表。本章在阐述陀螺仪基本特性及其应用的基础上，将详细介绍常用的姿态和航向测量仪表的结构、测量方法及使用等内容。

4.1　陀螺仪

  陀螺仪是精确测量飞机或飞行器的姿态角、航向、角速度等飞行参数的敏感装置，也是飞行控制系统的重要元件。因飞机上常用的姿态和航向测量仪表多采用刚体转子类陀螺仪作为测量元件，所以本节以框架式刚体陀螺仪为例阐述二自由度、单自由度陀螺仪的基本特性及其应用以及挠性陀螺仪、激光陀螺的结构和测量原理。并在此基础上，阐述飞机姿态和航向的测量方法。

4.1.1　陀螺仪概述

  绕某一支点高速旋转的物体称为陀螺。例如，常作为玩具的"地转子"和"空竹"，在它们不转时，为普通惯性体；而在它们高速旋转起来之后，就成了陀螺。这时候的"地转子"能稳定地直立在地面上不会倒下，如图 4.1 所示。而两头质量不等的"空竹"则能保持与地面平行不会歪斜。这是因为它们由于高速旋转而具有了陀螺保持其自转轴相对惯性空间方位不变的特性。这种单纯的陀螺过于简单，没有使用价值，而当用支架把陀螺支撑起来,就会由于其具有了重要的陀螺特性而获得广泛的应用。

高速旋转的物体即为陀螺,用支架把高速旋转的陀螺转子支撑起来即构成了"陀螺仪",陀螺仪是感测旋转的一种装置。陀螺仪这一术语的英文为gyroscope,它来自希腊文,其意思是"旋转指示器"。这样构成的陀螺仪可以用来测量运动物体的角位移或角速度。这种陀螺仪即为刚体转子陀螺仪,它

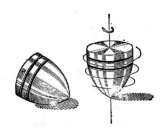

图 4.1　地转子

的核心部分是绕着自转轴(又称陀螺主轴或转子轴)高速旋转的刚体转子。安装转子的框架或特殊支承使转子相对基座具有两个或一个转动自由度,或者说使自转轴相对基座具有两个或一个转动自由度。这样,就构成了陀螺仪的两种类型,即二自由度陀螺仪和单自由度陀螺仪。

随着科学技术的发展,人们相继发现了大约有一百种物理现象可以用来感测相对于惯性空间的旋转。在此基础上,便研制出了许多不同原理和类型的陀螺仪。

1. 陀螺仪的分类

陀螺仪,从工作的机理来看,可以分成两大类:一类是以经典力学为基础的陀螺仪;另一种类是以非经典力学为基础的陀螺仪。

以经典力学为基础的有刚体转子陀螺仪、流体转子陀螺仪、振动陀螺仪等。刚体转子陀螺仪是把高速旋转的刚体转子支承起来,使之获得转动自由度的一种装置,它可用来测量角位移或角速度。流体转子陀螺仪的转子不是固定体材料,而是在特殊容器内按一定速度旋转的流体,它也可用来测量角位移或角速度。振动陀螺仪是利用振动体旋转时的哥氏加速度效应做成的测量角速度的装置。

以非经典力学为基础的有激光陀螺仪、光导纤维陀螺仪、压电晶体陀螺仪、粒子陀螺仪和核子共振陀螺仪等。在这些陀螺仪中,没有高速旋转的转子或振动的构件,但它们具有感测旋转的功能。例如,激光陀螺仪实际上是一种环形激光器,环形激光器中正、反两束光的频率差与基座旋转角速度成正比,故它可用来测量角速度。这类陀螺没有旋转部件,工作原理亦不同于同一家族的角动量陀螺,即其不是基于角动量原理而是基于萨格纳克(Sagnac)效应而工作的。又如,压电晶体陀螺仪实际上是利用晶体压电效应做成的测量角速度的装置;粒子陀螺仪实际上是利用基本粒子的陀螺磁效应做成的测量角速度的装置。

按年代分,刚体转子陀螺仪为第一代陀螺仪;液浮陀螺、气浮陀螺和挠性陀螺为第二代陀螺仪;而高精度的激光陀螺则为第三代陀螺仪,也可称为现代陀螺仪。

如果按用途分类,有航空陀螺仪表、航海陀螺仪表、导弹和卫星用陀螺仪表以及在汽车、铁路等民用部门使用的陀螺仪表。

按高速转子支撑结构来分,可以分为框架式陀螺、液浮陀螺、气浮陀螺和挠性陀

螺等。

按构成陀螺的物理特性分,有机电陀螺、激光陀螺、光纤陀螺、半球谐振陀螺、核磁共振陀螺和超导陀螺等。

今天,新型陀螺仪的出现和发展,使液浮陀螺和静电陀螺等在战略导弹和远程轰炸机的导航系统中逐步得到了应用。在先进的现代民用客机、中程飞机、大型水面舰艇的导航系统以及中程导弹、巡航导弹的制导系统中,曾经作为主流产品的机械式陀螺仪表正在被激光陀螺所代替。今天的惯性仪表技术中,激光陀螺的应用已经占据了主导地位。目前陀螺仪表技术发展的主流已经转到了光学陀螺上。

但是,就学习陀螺仪表的基本原理作为而言,曾经广泛应用的刚体转子陀螺仪仍是我们学习陀螺仪基本理论的基础。今天,由刚体转子陀螺仪为核心的测量飞机姿态和航向的陀螺仪表,如航空地平仪、转弯侧滑仪和航向陀螺仪等在很多飞机上仍作为重要的驾驶类仪表在使用。

2. 陀螺的动力源

陀螺的转动由真空系统或电系统驱动。

(1) 真空或压力系统

真空或压力系统提供气源,如图 4.2 所示。真空或者压力系统通过吸入高速气流来冲击转子环,从而使转子高速旋转。这个方法的原理与涡轮机相似。

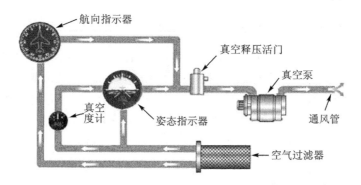

航向指示器

真空释压活门

真空泵

真空度计

姿态指示器

通风管

空气过滤器

图 4.2　真空系统

提供仪表运行的真空度一般在 3.5～4.5 inHg 之间,仪表运行所需的真空或者压力大小是变化的,变化范围通常在 4.5～5.5 inHg 范围内。气压可通过供气管路中的气压控制阀门调节。

空气经过空气过滤器进入真空系统,然后经过仪表,使仪表中的陀螺仪旋转。之后,再经真空泵排除空气或者用于其他系统,调节真空系统的真空度。

飞行期间,应重视对真空系统真空度的监视。如果真空度低于正常值,陀螺仪表(地平仪和陀螺半罗盘)提供的数据就不准确。一般情况下,真空度计上都有真空系统正常压力范围的标志。一些飞机上还安装有真空系统压力低警告灯,当真空系统压力降至 3~3.5 inHg 时,会发出警告。

老式飞机常使用安装在机身外部的文氏管作为排空设备来驱动陀螺仪。文氏管在标准海平面条件下,飞行速度达到 100 mile/h 时才可以产生所需要的真空度。一方面,空速和大气密度的大幅度改变等因素会对真空系统驱动的陀螺转子产生影响;另一方面,由于陀螺转子在飞机起飞前难以达到额定的转速,所以无法对这类文氏管驱动的陀螺仪表进行起飞前的检查。鉴于以上原因,这类系统只能用于进行仪表飞行训练的小型飞机。

在轻型飞机上的陀螺仪多采用一种叶片型发动机驱动泵真空系统来提供动力源。叶片型发动机驱动泵安装在发动机的驱动轴上,与滑油系统相连。此外,陀螺仪还可采用安装在发动机机体一侧的另外一种类型的真空泵来提供动力。

(2) 电系统

现代飞机上,均采用飞机上的 115 V/400 Hz 或 36 V/400 Hz 电压的电系统作为动力源驱动陀螺电机转动,这类陀螺也称为机电框架式陀螺仪。基于陀螺转子轴相对于基座的转动自由度来划分,即为二自由度陀螺仪和单自由度陀螺仪。

本书即以机电框架式陀螺仪为主分别介绍这两种陀螺仪的组成结构、基本特性和应用。

4.1.2 二自由度陀螺仪

1. 二自由度陀螺仪的基本结构与组成

二自由度陀螺仪是指自转轴具有两个转动自由度的陀螺仪,其基本组成如图 4.3 所示。陀螺仪的核心是一个绕自转轴高速旋转的转子。转子借助自转轴上一对轴承安装在内环(又称内框架)中,内环借助内环轴(又称内框架轴)上一对轴承安装在外环(称外框架)中,外环借助外环轴安装在基座(即仪表壳体)上。

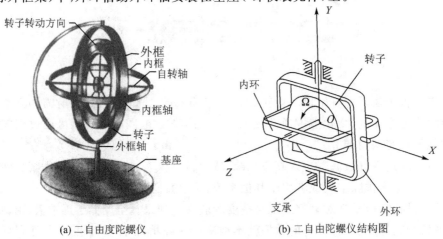

| (a) 二自由度陀螺仪 | (b) 二自由陀螺仪结构图 |

图 4.3 二自由度陀螺仪结构原理图

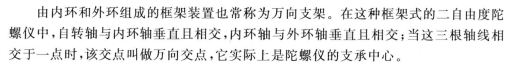

由内环和外环组成的框架装置也常称为万向支架。在这种框架式的二自由度陀螺仪中,自转轴与内环轴垂直且相交,内环轴与外环轴垂直且相交;当这三根轴线相交于一点时,该交点叫做万向交点,它实际上是陀螺仪的支承中心。

转子由电动或气动装置驱动绕着自转轴高速旋转,转子连同内环可绕内环轴转动,转子连同内环和外环又可绕外环轴转动。对转子而言,具有绕着自转轴、内转轴和外转轴这三根轴的三个转动自由度。而对自转轴而言,则仅具有绕内环轴和外环轴两根轴的两个转动自由度,故此,称之为二自由度陀螺仪。陀螺仪框架上的支承,采用的是滚珠轴承。采用滚珠轴承的框架式陀螺仪俗称常规陀螺仪,目前在航空陀螺仪、飞行控制系统以及许多场合中仍然被广泛使用。

2. 二自由度陀螺仪的特性

二自由度陀螺仪具有两个基本特性:

(1) 陀螺仪的定轴性

二自由度陀螺仪的转子绕其自转轴高速旋转即具有角动量 $\vec{H}$ 时,如果不受外力矩作用,将力图保持其自转轴相对惯性空间方位稳定,这种特性称为陀螺仪的定轴性,也常称为稳定性。定轴性或稳定性是二自由度陀螺仪的一个基本特性。

如果陀螺仪不受到任何外力矩作用,则根据角动量定理有 $\mathrm{d}\vec{H}/\mathrm{d}t = 0$,由此 $\vec{H} =$ 常数,这时陀螺角动量 $\vec{H}$ 在惯性空间中既无大小的改变,也无方向的改变,自转轴相对惯性空间处于原来给定的方位上。而且,不管安装陀螺仪的基座如何转动,自转轴相对惯性空间仍然处于原来给定的方位上。

由于陀螺自转轴相对惯性空间保持稳定,而地球以其自转角速度绕地轴相对惯性空间转动,所以,观察者若以地球作为参考基准,将会看到陀螺仪相对地球的转动。这种相对运动叫做陀螺仪的"表观运动"。

例如,在地球北极处放置一个高精度的陀螺仪,并使其外环轴处于垂直位置,自转轴处于水平位置(见图 4.4),这时俯视陀螺仪将会看到:陀螺自转轴在水平面内相对地球作顺时针转动,每 24 小时转动一周。

在地球赤道处放置一个高精度的陀螺仪,并使其外环轴处于水平南北位置,自转轴处于当地水平位置(见图 4.5),这时将会看到:陀螺仪自转轴在东西方向的垂直平面内相对地球转动,每 24 小时转动一周。

又如,在地球任意纬度处放置一个高精度的陀螺仪,并使其自转轴处于当地的地垂线位置,如图 4.6(a)所示,这时将会看到:陀螺仪自转轴逐渐偏离当地的地垂线,而相对地球作圆锥轨迹的转动,每 24 小时转动一周。若使其自转轴处于当地子午线位置,如图 4.6(b)所示,这时将会看到:陀螺自转轴逐渐偏离当地子午线,而相对地球作圆锥轨迹的转动,每 24 小时转动一周。

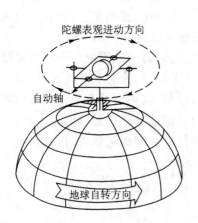

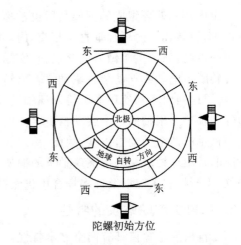

图 4.4   在地球北极处陀螺仪的表观运动   图 4.5   在地球赤道处陀螺仪的表观运动

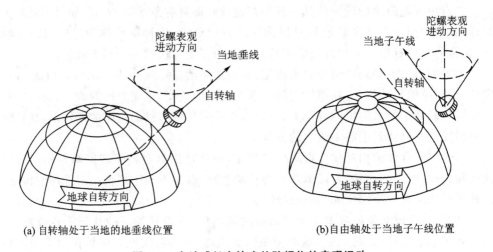

(a) 自转轴处于当地的地垂线位置   (b)自由轴处于当地子午线位置

图 4.6   在地球任意纬度处陀螺仪的表观运动

这种由表观运动所引起的陀螺自转轴偏离当地的地垂线或当地子午线的误差,又称之为陀螺仪的"表观误差"。显而易见,若要使陀螺自转轴始终重现当地的地垂线或当地子午线,则必须对陀螺仪施加一定的控制力矩或称修正力矩,以使其自转轴始终跟踪当地的地垂线或当地子午线相对惯性空间的方位变化。这里所讲到的修正力矩以及陀螺自转轴在此力矩作用下的运动,即为下面所讲的陀螺仪的进动特性。

(2) 陀螺仪的进动性

二自由度陀螺仪受外力矩作用时,若外力矩绕内环轴作用,则陀螺仪绕外环轴转动(见图 4.7);若外力矩绕外环轴作用,则陀螺仪绕内环轴转动(见图 4.8)。陀螺仪的转动方向与外力矩的作用方向不一致,而是相垂直的,也就是说,当二自由度陀螺受到外加力矩作用时,陀螺仪并不在外力矩所作用的平面内产生运动,而是在与外力矩作用平面相垂直的平面内运动,陀螺仪的这种特性称为进动性。进动性是二自由度陀螺仪的又一个基本特性。

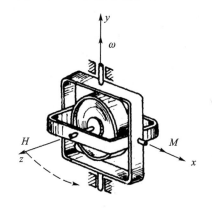

图 4.7　外力矩沿内框作用

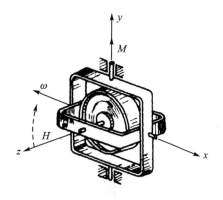

图 4.8　外力矩沿外框作用

为了与一般刚体的转动相区分,把陀螺仪这种绕着与外力矩方向相垂直方向的转动称为进动,转动角速度称为进动角速度,进动绕的轴称为进动轴。

当陀螺转子不转时,陀螺作为普通惯性体不具有进动性。此时,如果在陀螺内环上施加向下的外力,则陀螺转子沿着外力方向倒下。

当陀螺转子高速旋转的情况下,陀螺仪具有进动性。此时,如果在陀螺内环上施加向下的外力,则陀螺转子绕着外环轴转动,即在与外力矩作用平面相垂直的平面内运动。

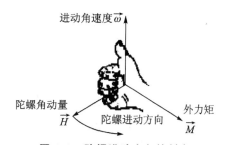

图 4.9　陀螺进动方向的判定

陀螺进动角速度的方向,取决于角动量的方向和外力矩的方向,其规律如图 4.9 所示,角动量 $\vec{H}$ 沿最短路径趋向外力矩 $\vec{M}$ 方向,可以用右手定则来判定进动角速度的方向:从角动量 $\vec{H}$ 沿最短路径握向外力矩 $\vec{M}$ 的右手旋进方向,即为进动角速度 $\vec{\omega}$ 的方向。

陀螺进动角速度的大小,取决于角动量的大小和外力矩的大小。其计算公式为

$$\omega = \frac{M}{H} \tag{4-1}$$

陀螺角动量 H 等于转子转动惯量 I_z 与转子自转角速度 Ω 的乘积,因此上式又可写成

$$\omega = \frac{M}{I_z \Omega} \tag{4-2}$$

这就是说,当角动量为一定值时,进动角速度与外力矩成正比;当外力矩为一定值时,进动角速度与角动量成反比;当角动量和外力矩均为一定值时,进动角速度也保持为

一定值。

陀螺仪的进动性,生活中常可见到。比如骑自行车时,当车速增至一定时,两手撒把,车轮转速向量向左,当向左转弯的时候,若身体向左摆,相当于给车辆施加一个向后力矩,其结果前轮必然左转,如图 4.10 所示。飞机飞行中,也可见到这种进动现象,如图 4.11 所示。飞机的螺旋桨可看作一个陀螺转子,飞机可以看作一个二自由度陀螺。当飞机转弯时,螺旋桨自传的同时又随飞机绕立轴转动,所以便出现进动的现象,使飞机上仰或下俯。如若消除这种现象,使飞机保持水平,则须推杆或拉杆,让升降舵产生的操纵力矩与陀螺力矩相平衡。

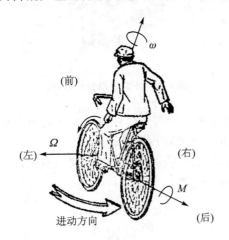

图 4.10   自行车的陀螺效应

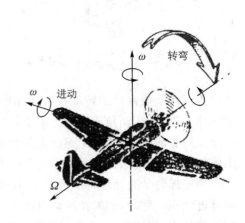

图 4.11   飞机转弯时的进动现象

陀螺力矩,即为陀螺仪进动的反作用力矩。由牛顿第三定律可知,有作用力(或力矩),必有反作用力(或力矩),两者大小相等,方向相反,而且分别作用在两个不同的物体上。当外界对陀螺仪施加力矩使它进动时,陀螺仪也必然存在反作用力矩,其大小与外力矩的大小相等,方向与外力矩的方向相反,并且作用在给陀螺仪施加力矩的物体上。陀螺仪进动的这种反作用力矩,通常简称为"陀螺力矩"。

陀螺力矩 $\vec{M}_\mathrm{G}$ 与外力矩 $\vec{M}$ 之间的关系显然为

$$\vec{M}_\mathrm{G} = -\vec{M} \tag{4-3}$$

将式(4-1)代入上式,则得陀螺力矩 $\vec{M}_\mathrm{G}$ 与角动量力矩 $\vec{H}$ 以及进动角速度 $\vec{\omega}$ 之间的计算关系式为

$$\vec{M}_\mathrm{G} = H\omega \tag{4-4}$$

陀螺力矩 $\vec{M}_\mathrm{G}$ 的方向如图 4.12 所示。角动量 $\vec{H}$ 沿最短路径握向进动角速度 $\vec{\omega}$ 的右手旋进方向,即为陀螺力矩 $\vec{M}_\mathrm{G}$ 的方向。

陀螺力矩实为哥氏惯性力所形成的哥氏惯性力矩。我们知道,当一个物体(或质点)受到外力作用使之产生加速度时,该物体(或质点)因惯性而对施力物体施以反作用力,这种力叫做惯性力。惯性力与作用力大小相等,方向相反,但应特别注意,它是物体(或质点)处于加速运动状态时,作用在给物体(或质点)施力的那个物体上的力。对陀螺仪而言,当外力矩绕框架轴作用于陀螺仪上时,转子各

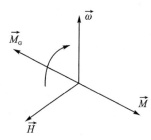

图 4.12　陀螺力矩向量图

质点将受到外力作用而产生哥氏加速度;在这同时,转子各质点必然存在哥氏惯性力。转子各质点的哥氏惯性力矩必然与外力矩大小相等,方向相反,并且作用到给陀螺仪施加力矩的物体上。这就是陀螺仪的作用力矩即陀螺力矩。

陀螺力矩是一种反作用力矩,但与一般定轴转动刚体的反作用力矩是不同的,它是陀螺仪进动所产生的哥氏惯性力矩。如果转子没有自转,陀螺仪就不存在进动性,陀螺力矩也不复存在。在这种情况下,作用在框架轴上的外力矩将使它绕框架轴作角加速旋转;此时仍然存在反作用力矩,但不是哥氏惯性力矩,而是转动惯性力矩。

必须强调指出,陀螺力矩并不作用于转子本身,而是作用在给陀螺仪施加力矩的物体上。

以上可知,在干扰力矩作用下陀螺仪产生进动,使自转轴相对惯性空间偏离原来给定的方位。对于陀螺自转轴在干扰力矩作用下的这种方位偏离,即称为陀螺漂移或简称漂移。陀螺漂移的主要形式是进动漂移。在干扰力矩作用下的陀螺进动角速度即为漂移角速度,进动的方向即为漂移的方向。设陀螺角动量为 H,作用在陀螺仪上的干扰力矩为 M_d,则漂移角速度的量值为:

$$\omega_d = \frac{M_d}{H} \tag{4-5}$$

虽然在干扰力矩作用下陀螺仪会产生漂移,但只要具有较大的角动量,漂移角速度就较小,因而在一定的时间内,自转轴相对惯性空间的方位变化是很微小的。

在干扰力矩作用下陀螺仪以进动的形式作缓慢漂移,这也是陀螺仪稳定性的一种表现。陀螺角动量愈大,则漂移愈缓慢,陀螺仪的稳定性就愈高。

如果陀螺仪的漂移率足够小,例如达到 0.1 度/小时或更小的量级,则陀螺自转轴相对惯性空间的方位变化很微小;同地球自转所引起的地球相对惯性空间的方位变化相比,可近似认为陀螺自转轴相对惯性空间的方位是不变化的。

4.1.3　单自由度陀螺仪

1. 单自由度陀螺仪的特性

单自由度陀螺仪具有感受绕其输入轴转动的特性。

单自由度陀螺仪的结构、组成与二自由度陀螺仪相比,其区别是只有一个框架,相对基座而言,少了一个转动自由度。因此,单自由度陀螺仪的特性就与二自由度陀螺仪有所不同。

图4.13给出了单自由度陀螺仪在基座转动时的运动情况。当基座绕陀螺自转轴 OZ 或框架轴 OX 转动时,不会带动转子一起转动。也就是说,对于基座绕这两个方向的转动,框架起到隔离运动的作用。但是,当基座绕 OY 轴以角速度 ω_y 转动时,由于陀螺仪绕该轴没有转动自由度,所以在基座绕 OY 轴转动强迫陀螺仪绕 OY 轴运动的同时,还强迫陀螺仪绕框架轴进

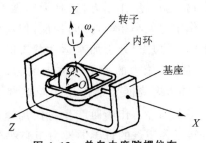

图 4.13   单自由度陀螺仪在
基座转动时的运动情况

动并出现进动转角,自转轴 OZ 将趋向与 OY 轴重合。这里的 OY 轴称为单自由度陀螺仪的输入轴,而框架轴,即 OX 轴,称为单自由度陀螺仪的输出轴。相应地,绕 OY 轴的转动角速度称为输入角速度,绕框架轴即 OX 轴的转角称为输出转角。因此说单自由度陀螺仪具有感受绕其输入轴转动的特性。

2. 框架式角速度陀螺

单自由度陀螺仪可测量飞机的转动角速度,所以称为角速度陀螺,也称为速率陀螺。

如图4.14所示为框架式角速度陀螺的基本原理结构图。图中 OX 轴(L 轴)为内环轴,即为信号输出轴,轴上装有定位弹簧、阻尼器和信号输出电位计。OZ 轴为转子轴,OY 为测量轴。

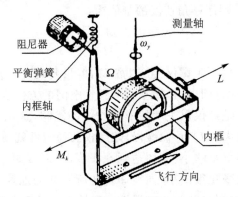

图 4.14   角速度陀螺的基本原理结构图

角速度陀螺的核心即单自由度陀螺仪由陀螺电机和内框组成。陀螺电机多采用磁滞电机,内框做成方框或陀螺房的形式,内框轴采用高精度的滚珠轴承或宝石轴承支撑在壳体上。

　　定位弹簧的作用是当内框绕其轴相对于壳体出现转角时,产生弹性力矩,度量输入角速度的大小。

　　阻尼器的作用是用来阻尼陀螺仪绕内框轴的振荡。在框架式角速度陀螺仪中,一般采用空气阻尼器。

　　角速度陀螺传感器,可将测量的角速度信号经过信号传感器转换为电信号传递出去。信号输出传感器的作用是将输出转角变换成电压信号。它安装在内框轴方向,一般采用信号电位计或微动同步器。

　　角速度陀螺的原理如图 4.15 所示,当基座绕 OY 轴以角速度 ω_y 转动时,由于陀螺仪绕该轴没有转动自由度,所以基座转动时将通过框架轴上的一对支承带动框架连同转子一起转动,即强迫陀螺仪绕 Y 轴转动。而这时陀螺仪自转轴仍是力图保持原来的空间方位稳定,于是基座转动时框架轴上的一对支承就有推力 F_A 作用在框架轴的两端,并形成推力矩 M_L 作用在陀螺仪上。其方向沿 OY 轴的正向,即与 ω_y 同向,沿输入轴的方向。由于陀螺仪绕框架轴仍然存在转动自由度,所以这个推力矩就使陀螺仪产生绕框架轴(OX 轴)的进动并出现进动角度,强迫进动角速度 $\dot{\beta}$ 沿框架轴 OX 趋向与 OY 轴重合,陀螺仪相对基座出现转角 β。β 角出现后,弹簧产生力矩 $M_{K\beta}$,其值 $M_{K\beta} = K\beta$,K 为弹簧钢性系数,方向沿 OX 轴为正向。在弹簧力矩 $M_{K\beta}$ 作用下,陀螺将绕 OY 轴作正向进动,进动角速度为 ω_S 并与 ω_y 同向。当 $\omega_S = \omega_y$ 时,陀螺达到平衡状态,进动角速度 $\dot{\beta} = 0$,这时框架轴上的一对支承不再对陀螺仪施加推力作用,基座的转动也就不会引起陀螺仪绕框架轴的转动了。这时陀螺仪将保持相对基座出现的转角 β,且

$$\omega_S = M_{K\beta}/H = \omega_y \tag{4-6}$$

$$\beta = (H/K)\omega_y \tag{4-7}$$

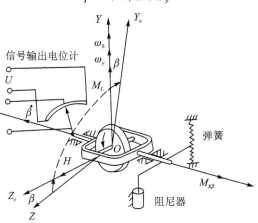

图 4.15　角速度陀螺的原理图

　　式(4-7)说明单自由度陀螺仪输出转角 β 与输入角速度成比例。陀螺仪在相对基座出现转动时,同时带动信号输出电位计的电刷运动,输出与转角 β 成比例的电信

号。测量该电压信号即可得到飞机绕着某一机体轴转动的角速度。

作为指示仪表,可直接将陀螺仪相对基座出现的转角 β 传递出去,详见飞机姿态测量仪表一节中的转弯仪的相关内容。

3. 液浮陀螺

采用滚珠轴承的框架式陀螺仪俗称常规陀螺仪,目前,在航空陀螺仪、飞行控制系统以及许多场合中广泛应用。但由于滚珠轴承存在摩擦力矩,对仪表灵敏度影响很大。为了减小框架轴上支承的摩擦力矩,采用液体将内环浮起来的办法,减小摩擦力,提高陀螺仪的精度,以满足惯性导航和惯性制导对陀螺仪精度的要求。这种陀螺仪即为液浮陀螺仪,液浮陀螺的结构如图 4.16 所示。

将内环做成密封的浮筒,放在密封的壳体中,浮筒一端将轴支承在壳体上,其另一端固连在壳体上。轴的一段做成变面积断面,成为弹性扭杆以代替恢复弹簧。轴上装有用于信号输出的微动同步器定子,转子固定在壳体上。壳体和浮筒之间充入甲基硅油。液浮陀螺的阻尼器由阻尼筒和活塞组成,阻尼器中液体粘度随温度而变化,阻尼筒与活塞采用不同膨

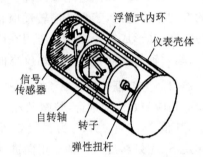

图 4.16 液浮式速率陀螺原理结构图

胀系数的材料组成。当温度变化时,用活塞的空隙变化来补偿液体粘度的变化,这样可使温度保持在 $+60\sim-50℃$ 范围内,仪表的相对阻尼系数保持在 $0.3\sim0.7$ 以内。

液浮陀螺可分为半液浮陀螺和全液浮陀螺两种。所谓半液浮陀螺是指浮筒组件的质量大于同体积液体的质量,浮筒组件通过轴承对壳体有压力,还存在摩擦力;所谓全液浮陀螺是指浮筒组件质量和同体积液体质量相等,浮筒组件在液体中随遇平衡,浮筒组件轴对壳体没有正压力,因此摩擦力接近于零。当然,要造成这种条件是困难的,液体的比重要大且要恒温,以防止温度变化对液体比重的影响。这种陀螺可以不要阻尼器,可利用改变壳体和浮筒的间隙增加液体阻尼。目前这种液陀螺广泛应用于惯性导航系统。

4. 液浮式速率积分陀螺仪

积分陀螺仪为用来测量运动体转角的单自由度陀螺仪。实际中的速率积分陀螺仪多为液浮式结构。液浮式速率积分陀螺仪的构成原理如图 4.17 所示。

液浮式速率积分陀螺仪在单自由度陀螺仪的基础上增设了阻尼器和角度传感器。同速率陀螺仪相比,它缺少了弹性元件,在动力学中阻尼力矩起主要作用,即其阻尼作用比速率陀螺仪大得多,由此便可获得所需要的积分特性。

速率积分陀螺仪主要由单自由度陀螺仪、阻尼器、力矩器、温控装置和信号传感器等部分组成。

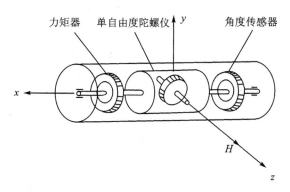

力矩器　　单自由度陀螺仪　　　　　　角度传感器

图 4.17　液浮式速率积分陀螺仪的构成原理

单自由度陀螺仪由陀螺电机和内框组成。陀螺电机多采用磁滞电机,内框做成浮筒形式,浮筒组合件悬浮在密度、粘度都较大的氟油中。当达到中性浮动条件时,内框轴上的支承不承受负荷,而仅起定中心的作用。

阻尼器为液体阻尼器。由于浮筒与表壳之间充满了悬浮液体,故当浮筒绕内框轴相对于表壳转动时,液体的粘性摩擦阻力便对内框轴形成阻尼力矩。选择粘性系数较大的氟油,控制浮筒与表壳之间的空隙,即可形成所需要的阻尼。

速率积分陀螺仪的原理基本与速率陀螺仪的相同。当基座绕 y 轴以角速度 ω_y 转动时,基座将通过框架轴上的一对支承产生作用力,从而产生推力矩 M_{L}。在此力矩的作用下,转子轴将产生强迫进动而绕框架轴 X 转动,该转动角速度为 $\dot{\beta}$,其转动方向将力图使角动量向量 H 与外力矩 M_{L} 相重合,即与角速度 ω_y 相重合。

当框架有转动角速度 $\dot{\beta}$ 时,阻尼装置将产生一与 $\dot{\beta}$ 成正比的阻尼力矩 M_{C},在此阻尼力矩作用下,陀螺仪将绕 y 轴作正向进动,进动角速度 ω_{s} 与 ω_y 同向。当进动角速度 ω_{s} 与基座转动角速度 ω_y 相等时,陀螺达到平衡状态,框架进动角速度 $\dot{\beta}=0$,陀螺仪将保持相对基座出现的转角 β,这时

$$\omega_{\mathrm{s}}=\omega_y=\frac{M_{\mathrm{C}}}{H} \qquad (4-8)$$

设阻尼力矩 $M_{\mathrm{C}}=C\dot{\beta}$,其中 C 为阻尼力矩系数。由上式可得基座的转动角速度如下:

$$\omega_y=\frac{C\dot{\beta}}{H} \qquad (4-9)$$

即

$$\dot{\beta}=\frac{H}{C}\omega_y \qquad (4-10)$$

这时

$$\beta=\frac{H}{C}\int_0^t\omega_y\,\mathrm{d}t \qquad (4-11)$$

式(4-11)表明,积分陀螺仪框架转角 β 与基座转动角速度 ω_y 的积分(即载体的转角)成正比,这也即积分陀螺名称的由来。

信号传感器将输出转角变换成电压信号,输出转角沿内框轴方向。速率积分陀螺仪采用微动同步器。微动同步器的转子固定在内框轴上,定子固定在表壳上。当转子相对定子出现转角时,微动同步器便产生与转角成比例的电压信号。

力矩器用来对速率积分陀螺仪施加控制力矩,力矩也沿内框轴的方向。力矩器通常采用类似于微动同步器的结构形式,其转子固定在内框架轴上,定子则固定在表壳上。力矩器的定子上有两组线圈,一组为激磁线圈,另一组为控制线圈。当控制线圈通以电流时,力矩器便产生绕内框轴的控制力矩,使陀螺仪按给定的规律运动。

积分陀螺仪能够感受到绕其输入轴非常小的角速度,一般用来作为陀螺平台的敏感元件,并与平台的电子线路、伺服电机等组成闭合回路,使平台的轴在空间保持稳定,因此高精度的液浮陀螺在惯性导航系统中获得了广泛的应用。

4.1.4 其他类型的陀螺仪

前面所讲的框架式陀螺仪采用框架装置并用滚珠轴承支撑,尽管在工艺上可以将滚珠轴承作得很精密,但欲使其精度达到惯导级陀螺仪精度的要求,仍然很困难。因而陀螺仪发展便集中于减小漂移误差、简化结构、减轻质量、工作可靠和寿命长等问题上。人们长期以来在改善陀螺仪的支撑上下功夫,出现了液浮陀螺、静电陀螺等,但其结构复杂,对加工精度要求高。后来又发展了挠性陀螺,在支撑上作了很大改动,使陀螺体积变小、质量减轻、工作可靠,精度接近于液浮陀螺,目前广泛应用于惯导系统。近些年来出现的光学陀螺,使陀螺从原理上发生了根本的变化。

下面主要介绍挠性陀螺和光学陀螺的结构和原理。

1. 挠性陀螺仪

挠性陀螺仪的转子采用挠性接头支承,是一种无摩擦的弹性支承,其结构图如图 4.18 所示。

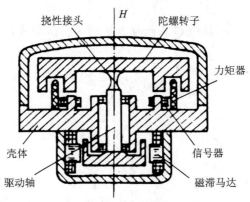

图 4.18 挠性陀螺结构原理图

挠性陀螺仪主要由陀螺转子、挠性接头、驱动轴、磁滞马达、信号传感器和力矩器等组成。

挠性接头使陀螺转子与驱动轴连接，驱动电机带动驱动轴经过挠性接头使转子高速旋转，从而产生陀螺角动量 H。挠性接头沿轴向不能拉伸或压缩，却可以绕垂直于自转轴的两个正交方向转动。也就是说，挠性陀螺仪的转子具有三个转动自由度；而自转轴具有两个自由度，若按自转轴所具有的自由度计算，则属于二自由度陀螺仪。为了获得相对转角信号，挠性陀螺仪在径向周围相距 $90°$ 方向的轴上安装了两对差动式信号传感器。

由于高速旋转的转子具有定轴性，即转子轴线始终稳定于惯性空间。当基座（磁滞电机与基座固连，亦驱动轴与基座固连）转动时，包括壳体左右、前后倾斜，陀螺转子的角动量 H（自转轴）保持原来的方位不变，自转轴与驱动轴不重合，壳体与转子间的间隙发生变化。两对差动式传感器测出转子倾斜后的间隙变化，并转换为转角的变化，最终可输出与相对转角成比例的电信号。力矩器线圈中随着间隙的改变输入相应的电流，产生相应的修正力矩，从而控制陀螺仪。

挠性陀螺仪没有框架式陀螺仪的内、外框，只采用一个挠性接头，取消了支承框架的轴承装置，因而可实现低漂移。其精度与液浮式陀螺相当，但在结构、工艺和成本方面均优于液浮陀螺，目前在惯性导航系统中获得了广泛的应用。

2. 激光陀螺

激光陀螺（Laser Gyroscope），是一种应用激光技术测量物体相对于惯性空间的角速度和转动角速度的新型陀螺仪。它没有机械转子，是一个光学器件，其由于具有陀螺测量角速度的功能，所以仍称为陀螺。

激光陀螺具有很多优点，诸如结构简单，没有活动的机械转子，不存在摩擦，也不受重力加速度的影响；角速度测量范围宽；测量精度高，可达 $0.001°/h$；启动快；工作可靠、寿命长等。更重要的是激光陀螺直接提供数字信号，可方便的与数字机连接，代表了信息数字化与综合化的方向。

自 20 世纪 70 年代中期出现激光陀螺至今，激光陀螺已在一些惯性导航系统中得到了广泛的应用，例如波音 747－400、波音 757、波音 767、波音 737－300 以及波音 777 飞机等均装备了激光惯性基准系统。

在介绍激光陀螺的原理之前，首先介绍利用光学原理测量物体相对于惯性坐标系转动角速度的基本原理。

(1) 利用光学原理测量物体转动角速度

在激光技术出现之前，人们已在利用光学原理测量物体相对于惯性坐标系的转动角速度，这就是萨格纳克（Sagnac）干涉仪，如图 4.19 所示。

外部光源从 A 点入射，并被半透半反镜 SP 分成两束。设法使反射光沿半径为 R 的圆形路径逆时针传播，而透射光沿相同路径顺时针传播。经过一周后，两束相反

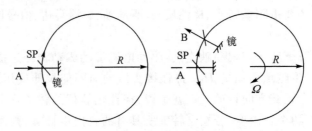

图 4.19 光学原理测量物体的相对转速

方向传播的光在 SP 处会合。当干涉仪不转动时,两束光传播一周的时间相等;当干涉仪以角速度 Ω 相对于惯性坐标系顺时针转动时,对于随干涉仪一起转动的反射镜来说,对称性将被破坏,顺、逆光程产生差异。两束光传播一周的时间不等,因为在这一段时间内半透半反镜已从 A 点移到了 B 点,顺时针传播的光束到达该镜时,多走了 AB 路程,所需时间增加,逆时针传播的光束路程减少,所需时间减少,从而出现时间差 Δt 和光程差 Δl。可以证明光程差与干涉仪转速成正比,即

$$\Delta l = \frac{4S}{kc}\Omega \qquad (4-12)$$

式中,c 为光的传播速度;S 为环形所包围的圆面积,k 为比例系数。

式(4-12)说明,两束光的光程差与干涉仪相对于惯性坐标系的转动角速度成正比,只要测出光程差,即可得到转动角速度 Ω。

(2) 有源谐振腔式激光陀螺的结构与工作原理

激光陀螺可以分为两类。

一类为干涉式激光陀螺。它是在环形干涉仪的基础上发展起来的,直接继承了干涉仪的理论,通过测量正、反两束光的光程差得到基座相对惯性坐标系的角速度。

另一类为谐振腔式激光陀螺,即将光路设计成闭合的谐振腔,做成激光振荡器,使正、反光束在谐振状态下工作,通过测量其频差(或拍频)来求得基座角速度。谐振腔式激光陀螺又可分为有源和无源两种。激光源在谐振腔之外称为无源谐振腔或外腔式激光陀螺;激光源在谐振腔内则称为有源谐振腔或内腔式激光陀螺。

在此主要介绍有源谐振腔式激光陀螺的结构组成和基本工作原理。

如图 4.20 所示为激光陀螺的基本组成结构。该激光陀螺主要由传感器和测量电路两部分组成。传感器部分包括谐振腔。环形谐振腔可有多种形状。图 4.20 所示为三角形谐振腔,主要有激光管及供电电源、两个具有高反射率的多层介质反射镜、一个半透半反镜和合光棱镜。测量电路部分由光电检测器、频率计、可逆计数器和显示器等组成。

传感器中的激光器是用来产生激光的器件,激光管内充有氦、氖气体做活性物质。当激光管的阳极和阴极加有直流高压时,在强电场作用下活性物质被激发而产生激光。激光陀螺中的全反射镜是一种高反射率的多层介质膜片,几乎可做到全反射。半透半反镜允许有少量的光透过,反射系数要求较全反射略低一些。合光棱镜

为使两束不同方向传播的光混合到一起的光学元件。测量部分,光电检测器采用光电二极管或光电三极管,将光信号变为电信号输出;频率计、计数器和显示器用来记录、处理和显示光电元件的信号。

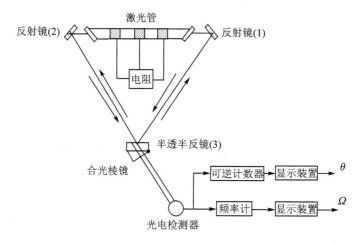

图 4.20 激光陀螺的基本组成

激光陀螺用来测量飞机的转动角速度,经过数据处理也可得出角位移信号。

在环形谐振腔中,光路为由三个反射镜组成的闭合回路。激光管中沿光轴传播的光子通过闭合回路从另一端反射回来。由此在腔内就会形成沿环路传播但转向相反(顺时针方向和逆时针方向)的两束光。对于每一束光来说,只有那些绕一圈回到原处时、相位差恰好为 2π 整数倍的光子所诱发的次代光子才与第一代同相位,因而逐代叠加后使光强的增益大大增加而产生激光;反之,那些各圈相位不同的光子在叠加中则难免相互抵消,损失很大,最终超不过损耗而被淘汰掉,所以在谐振腔中产生相反方向、以同一频率沿环路传播的两束激光。

激光陀螺静止时,在谐振腔中激光沿环路传播一周的振荡频率为

$$\nu = q\frac{c}{l} \tag{4-13}$$

式中,q 为常值系数;c 为光速;l 为激光沿环路传播一周的光程。两束光反向传播,光程相等,振荡频率相等,即 $\nu_1 = \nu_2$,频差 $\Delta\nu = 0$。

当激光陀螺,即谐振腔在环形平面内以角速度 Ω 转动时,两相反方向传播的激光光程不等,振荡频率分别为

$$\nu_1 = q\frac{c}{l_1} \tag{4-14}$$

$$\nu_2 = q\frac{c}{l_2} \tag{4-15}$$

式中,l_1、l_2 分别为正、反向激光沿环路传播一周的光程。则两束激光的频率差为

$$\Delta\nu = |\nu_1 - \nu_2| = qc \frac{\Delta l}{l_1 l_2} \tag{4-16}$$

式中，$\Delta l = l_1 - l_2$，为两激光束在谐振腔中传播一周的光程差，$l_1 = l + \dfrac{\Delta l}{2}$，$l_2 = l - \dfrac{\Delta l}{2}$。将式(4-16)两边除以 ν，再将式(4-13)及 l_1、l_2 代入，得

$$\frac{\Delta\nu}{\nu} = l \frac{\Delta l}{l^2 - \dfrac{(\Delta l)^2}{4}} \tag{4-17}$$

由于 $l^2 >> \dfrac{(\Delta l)^2}{4}$，所以上式简化为

$$\frac{\Delta\nu}{\nu} = \frac{\Delta l}{l} \tag{4-18}$$

因为 $\Delta l = \dfrac{4S}{kc}\Omega = \dfrac{4S}{k\nu\lambda}\Omega$，代入上式，得

$$\Delta\nu = \frac{4S}{l\lambda k}\Omega = K\Omega \tag{4-19}$$

式中，$K = \dfrac{4S}{l\lambda k}$ 为激光陀螺灵敏度；S 为环形腔所包围的面积；k 为常系数；λ 为激光波长；Ω 为陀螺所测转速。

由此可知，激光陀螺将测量飞机(物体)的转动角速度归结为测量谐振频率的频差，大大地提高了测量的灵敏度。

测出频差即可算出角速度，对于有源谐振腔，频差就是两束激光之间的拍频。对式(4-19)两边积分得拍频振荡周期 N，它与转角 θ 成正比

$$N\int_0^t \Delta\nu \, dt = \int_0^t K\Omega \, dt = K\theta \tag{4-20}$$

通过测量电路将每个振荡周期都变为输出脉冲，通过检测 N 即可得到角度 θ。

3. 光纤陀螺

光纤陀螺是继激光陀螺之后迅速发展起来的一种新型陀螺。自 1976 年提出光纤陀螺，到 1986 年已有应用，精度可达 $1 \sim 0.1(°)/h$。

和激光陀螺原理一样，光纤陀螺的基本原理仍然是 Sagnac 效应，所不同的是，它采用光导纤维缠绕成的一个光路来代替石英玻璃上加工出的三角形谐振腔。

与激光陀螺相比，光纤陀螺结构简单，成本低、可靠性高并易于小型化。

4.2 飞机姿态测量仪表

飞机姿态测量主要指飞机姿态角和姿态角速度的测量。航空地平仪、垂直陀螺

仪和转弯仪等可为飞行员提供飞机姿态角及其角速度的目视信号,或为机上其他机载设备,如自动飞行控制系统和飞行指引系统等提供姿态角信号。

本节将介绍飞机姿态测量仪表航空地平仪、垂直陀螺仪和姿态测量仪表转弯侧滑仪的结构、测量原理及其应用。

4.2.1　航空地平仪

航空地平仪也称为陀螺地平仪,带有指示装置,作为指示仪表使用,提供飞机的俯仰角和倾斜角的目视信号,供飞行员直接读取。其对于完成飞行任务、保证飞行安全具有十分重要的作用。一般的飞机装有两只地平仪(正、负驾驶前方各一只),作为航线运输机还要加装一只备用地平仪,以备主地平仪出现故障时使用。

航空地平仪依动力源的不同,可分为电动地平仪和气动地平仪两种形式。

1. 气动地平仪

气动陀螺仪采用喷气作用于陀螺转子的边缘使陀螺仪高速旋转。喷气的产生源于一个或多个作为发动机部分附件的空气动力泵。这种空气驱动的仪表在全世界的各种民航机上得了广泛的应用。大多数单发和双发的通用航空飞行器上都使用这种地平仪。

当喷气使陀螺正常旋转起来之后,由于陀螺的定轴性,转子轴将保持与地垂线重合,转子平面将与地球表面保持平行。在仪表飞行条件或能见度较低的情况下,该仪表可为飞行员提供人工水平基准。

如图 4.21 所示为抽气驱动的地平仪,空气通过导管进入仪表,作用于转子边缘的刻槽,使转子以大约 15 000 r/min 的速度旋转,从转子处反泄的空气通过管路进入陀螺房,从壳体中抽出后,即可完成一次循环。这时,表中由陀螺保持的人工地平线与自然地平线平行。通过观察表上的人造小飞机与人工地平线的关系,即可得到飞机的姿态角。小飞机机翼与飞机的机翼平行,通过小飞机的机翼与人工地平线的关系可反映飞机的倾斜;小飞机与人工地平线的位置即可反映飞机的

图 4.21　抽气地平仪

俯仰,地平线显示在小飞机的上方或下方,则分别反映了飞机俯仰时机头向上或向下的俯仰姿态。仪表板的下面有一个旋钮,飞行员可用其来调节小飞机的上下位置,进行地平线对准的调整。

2. 电动地平仪

电动地平仪,又称为电子陀螺地平仪,如图 4.22 所示。这种地平仪中的陀螺电机使用飞机上的 115 V 电压、400 Hz 的交流电驱动,转速一般可达 21 000 r/min 左右,图 4.23 所示为飞机上所用的直读式电动地平仪结构图。

图 4.22　电动地平仪

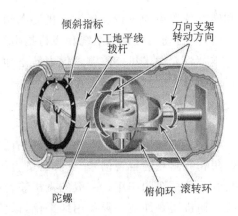

图 4.23　电动地平仪结构图

　　电动地平仪由二自由度陀螺仪、修正装置和指示机构三部分组成。二自由度陀螺仪自转轴由于定轴性而代表地垂线,摆感受任意点的地垂线,并利用修正装置使自转轴跟随地垂线变化。二自由度陀螺仪的内环和外环称为万向支架,陀螺转子安装在万向支架内,转子轴向上,内环下面装有液体开关。通常将内环称为俯仰环,外环称为滚转环。

3. 航空地平仪的安装

　　航空地平仪是利用二自由度陀螺仪的基本特性进行测量和修正的。

　　飞机的俯仰角是飞机纵轴与地平面的夹角,飞机的倾斜角是飞机对称面与通过飞机纵轴的铅垂面间的夹角。测量飞机俯仰角和倾斜角的关键是要在飞机上建立水平面或地垂线基准,并使该基准在飞机机动飞行时保持稳定。

　　航空地平仪的核心元件是垂直陀螺仪,即带有修正装置的二自由度陀螺仪,如图 4.24 所示。要准确地测量飞机的俯仰角和倾斜角,首先要将陀螺仪正确地安装在飞机上。

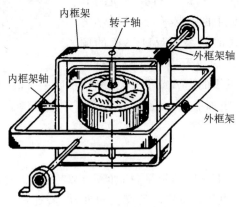

图 4.24　垂直陀螺的结构原理图

　　根据二自由度陀螺内、外环与飞机纵、横轴的关系,地平仪在飞机上可有两种安装方式。一种是陀螺仪的外环轴与飞机的纵轴平行,内环轴与飞机的横轴平行,称为纵向安装。

　　另一种是陀螺仪的外环轴与飞机的横轴平行,内环轴与飞机的纵轴平行,称为横向安装。由于飞机俯仰角是绕飞机横向水平轴转动的角度,飞机的倾斜角是绕飞机纵轴转动的角度,因而对于纵向安装的地平仪来讲,无论在飞机俯仰的情况下测量倾斜,还是在飞机倾斜情况下测量俯仰,仪表对于姿态角的测量均始终与飞机姿态角的定义符合,所以仪表测量的姿态角是准确的。而对于横向安装的地平仪来讲,当飞机俯仰时测量倾斜,陀螺内环轴保持水平而不与飞机纵轴重合;当飞机倾斜时测量俯仰,陀螺外环轴则随飞机倾斜而不能保持水平,所以会出现测量误差。

　　由于地平仪的纵向安装方式准确度较高,所以飞机上大多都采用这种安装方法。

　　采用纵向安置方式,如图 4.24 所示,为了在飞机上建立地垂线基准,陀螺仪的转子轴(角动量 H 的方向)要与地垂线重合,且方向向上,陀螺仪的外环轴则平行于飞机的纵轴,而内环轴则平行于飞机的横轴,故此也称其为垂直陀螺。

4. 航空地平仪的原理

(1) 航空地平仪的修正原理

　　本书着重以液体摆式地垂修正器为例,介绍其保证转子轴和地垂线重合的修正原理。

　　为了准确测量飞机的姿态,必须保证测量基准的准确。二自由度陀螺仪要始终保持陀螺转子轴与地垂线的重合,这样与这个垂线相垂直的平面即为所需要的地平面基准。由于陀螺的表观现象和各种干扰力矩所引起的进动漂移会使最初的地垂线基准倾斜,所以必须对这些偏差进行修正。

　　航空地平仪的基本原理是利用摆的地垂性修正陀螺,利用摆的稳定性建立稳定的人工地垂线,从而根据飞机和陀螺的关系测量飞机的俯仰角和倾斜角。

　　对陀螺转子轴的修正是由修正装置来完成的。在此仅阐述液体摆式修正器的修正原理。液体摆式地垂修正器由液体开关和力矩电机组成。图 4.25 所示即为液体摆式修正器的结构图。

　　液体开关是个单摆,故也称为液体摆,表示地球上任意点的地垂线,安装在内框上,保持与当地地平面平行;力矩电机,分别装在内框及外框轴上,用来产生力矩以消除自转轴相对地垂线的偏差。单向液体开关的原理如图 4.26 所示。液体开关一般用玻璃管制成,它与力矩电机两相绕组接成电桥,相应的极点与中间极点间的电阻为桥臂。图 4.27 所示为双向液体修正作用的原理示意图,开关中的 W_1、W_2、W_3、W_4 为力矩马达线圈。

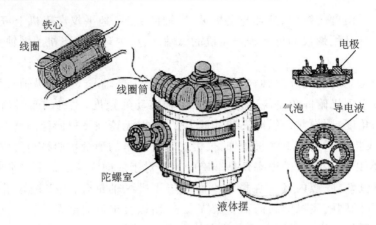

图 4.25　液体摆式修正器结构图

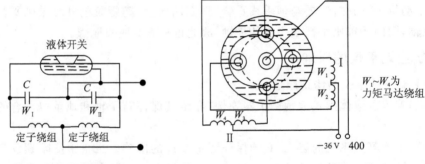

图 4.26　单向液体开关　　　　图 4.27　双向液体开关

当陀螺转子轴偏离地垂线时,液体开关两极点间电阻不等,破坏了液体开关间电阻与力矩电机线圈电阻所构成电桥的平衡,于是力矩电机两线圈产生的力矩不相等,从而产生力矩,利用陀螺的进动特性修正陀螺,使自转轴朝着地垂线方向进动,直到液体开关的气泡回到中央位置为止,从而使转子轴最终稳定在地垂线上。

由于液体开关是个单摆,在飞机加速飞行或盘旋飞行时,受惯性加速度和离心加速度的影响会产生错误修正。

假设飞机的加速度为 a,当 $a=0$ 时,液体开关的水泡在中间位置,水泡两极点间电阻平衡;当 $a \neq 0$,即飞机加速飞行时,水泡朝加速度方向移动,水泡两极点间电阻不相等,力矩电机就会错误地产生修正力矩,对转子轴进行错误的修正,使航空地平仪产生指示误差。同样,飞机作盘旋飞行时,由于惯性离心力的作用,液体开关将偏离地垂线,依据陀螺仪的修正原理,修正力矩电机将对陀螺施加修正力矩,错误的修正将使自转轴偏离地垂线,地平仪同样会产生指示误差。

为了避免这种错误修正,在飞机加速飞行时,要断开陀螺纵向修正;在飞机盘旋时,要断开横向修正;当飞机恢复等速飞行时,再恢复其修正作用,即可使陀螺保持跟踪地垂线。

（2）航空地平仪的测量原理

航空地平仪是利用陀螺仪的定轴性,根据飞机和陀螺的关系来测量飞机的俯仰角和倾斜角的。

纵向安装地平仪的测量原理如图 4.28 所示。当飞机俯仰时,表壳和外框跟随机体一起转动,由于陀螺仪的定轴性,固定转子的内环绕内环轴保持稳定,外环绕内环转过的角度就等于飞机绕横向水平轴转动的角度,即飞机的俯仰角,如图 4.28(a)所示;当飞机倾斜时,表壳跟随机体一起转动,由于陀螺仪的定轴性,外环绕外环轴保持稳定,表壳绕外环轴转过的角度就等于飞机绕纵轴转动的角度,即飞机的倾斜角,如图 4.28(b)所示。

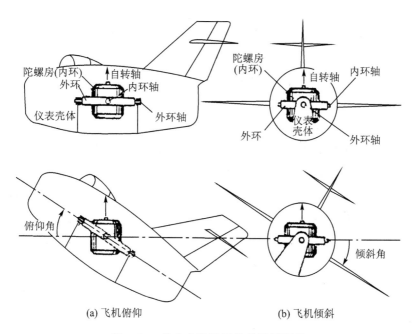

(a) 飞机俯仰　　　　　　　　　　(b) 飞机倾斜

图 4.28　纵向安装地平仪的测量原理

（3）航空地平仪的指示原理

地平仪的指示机构可有不同的形式,但指示原理基本相同。如图 4.29 所示,直读式航空地平仪的指示机构由小飞机、人工地平线、倾斜和俯仰指标及倾斜和俯仰刻度盘组成。小飞机实为小飞机形指针,固定在前表盖上;人工地平线实为一个拨杆,一端安装在外框上,固定在内框上的销子可拨动拨杆。

① 指示俯仰　当飞机平飞时,地平仪与人工地平线重合,表示飞机平飞。当飞机由平飞转为俯仰运动时,由于陀螺仪的定轴性,陀螺自转轴保持垂直,固定转子轴的内框保持不动,而表壳和外框绕内框轴转动,外框带动拨杆一同转动。当内框相对外框转动时,通过固定在内框上的小轴拨动拨杆,人工地平线上下移动而指示飞机的

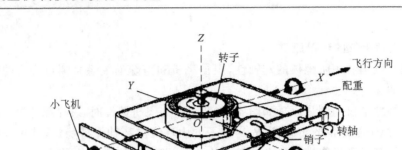

图 4.29　航空地平仪指示机构示意图

俯仰角。如果飞机由平飞转为上仰,则表壳和外环一同转动,在不动的内框小轴的拨动下,代表人工地平线的拨杆下移,相应的小飞机处于人工地平线上方。由此可知,如小飞机在上,人工地平线在下,则表示飞机上仰,如图 4.30(a)所示;反之,如小飞机在下,人工地平线在上,则表示飞机下俯。

　　② 指示倾斜　当飞机由平飞转为倾斜时,仪表壳体与小飞机随飞机倾斜,由于陀螺的定轴性,外框即人工地平线不动,保持水平,通过小飞机与人工地平线的相对位置而指示飞机的倾斜角。如果小飞机和倾斜刻度盘相对人工地平线和倾斜指标左转,即表示飞机左倾斜,如图 4.30(b)所示;反之,如小飞机和倾斜刻度盘相对人工地平线和倾斜指标右转,则表示飞机右倾斜。

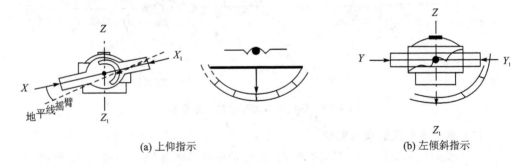

(a) 上仰指示　　　　　　　　　　　　　　　　　　(b) 左倾斜指示

图 4.30　航空地平仪的指示原理

　　航空地平仪的结构和指示形式较多,图 4.31 给出了两种直读地平仪的表盘图。地平仪表面上有一个调整旋钮,转动该旋钮,可使小飞机上下移动。该旋钮还具有上锁功能,拉出旋钮,可使陀螺快速直立,三轴相互垂直,自转轴接近地垂线的方向,加快启动速度;松开旋钮,陀螺开锁。

　　图 4.31(a)所示地平仪的指示原理与图 4.30 所述原理相同。图 4.31(b)所示为

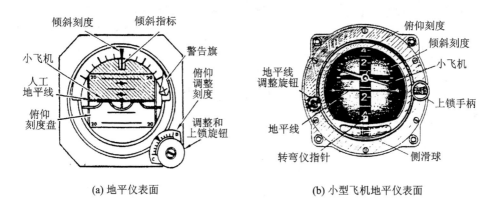

(a) 地平仪表面 　　　　　　　　(b) 小型飞机地平仪表面

图 4.31　地平仪表盘图

一种小型飞机地平仪的指示情况。这种指示器的特点是,小飞机和刻度盘安装在陀螺上,人工地平线安装在表盘上。当飞机上升(或下降)时,小飞机相对于人工地平线上升(或下降),人工地平线在俯仰刻度盘上指示的读数即代表飞机的俯仰角。当飞机左、右倾斜时,小飞机相对人工地平线左、右转动,小飞机翼尖在倾斜刻度盘上的读数即代表飞机的倾斜角。这种地平仪的指示如图 4.32 所示。

(a) 上升—左倾斜 　　　　(b) 平飞—上升 　　　　(c) 上升—右倾斜

(d) 平飞—左倾斜 　　　　　　(e) 平飞—右倾斜

(f) 下降—左倾斜 　　　　(g) 平飞—下降 　　　　(h) 下降—右倾斜

图 4.32　地平仪的指示

由此看出,地平仪的指示分为两种类型:一种是"从地面看飞机"的形式,飞行中驾驶员看到的是小飞机在动,人工地平线不动,这种情况与站在地面看飞机的情况是一样的,如图4.30所示。另一种是"从飞机看地面"的形式,也就是说,驾驶员看到的是人工地平线在运动,而小飞机不动,这种情况与驾驶员从飞机上看地面的情况是一样的,如图4.31(b)和图4.32所示的情况。相比之下,后一种形式真实性好一些,所以应用较为广泛。

5. 航空地平仪的使用

航空地平仪使用中具有以下特点:

航空地平仪在地面启动,就是要使通电后的地平仪中的陀螺转子转速达到额定转速,自转轴处于地垂线方向(可根据警告旗是否收起来判断转速是否达到额定转速)。

对于气动陀螺来讲,当发动机启动时,陀螺不应出现异常声音,大约5 min左右应达到额定转速,这期间相应的指示常出现振动。这时,如若飞机停在停机坪上或直线滑行的话,则转弯仪应没有转弯指示,地平仪上的人工地平线应水平。

对于电动陀螺仪来讲,地平仪通电前陀螺转子处于自由状态,自转轴一般不在地垂线方向上。通电以后,地垂修正器逐渐使自转轴转向地垂线的方向,但由于修正的速度较低,启动的时间可能较长,所以启动地平仪时,要利用陀螺控制机构或上锁装置使陀螺快速直立,陀螺三轴互相垂直,自转轴接近地垂线方向。

空中飞行时,要正确使用航空地平仪。

飞机在平飞的过程中,在飞机保持一定迎角飞行的情况下,地平仪上的小飞机可能会与人工地平线不重合,这时应根据升降速度表的指示,如判断飞机确实是平飞时,可采用调整旋钮将小飞机和地平线调整重合,以便指示平飞。但在作倾斜和俯仰运动之前,应将小飞机(或地平线)调回原位,否则会出现指示误差。

飞机加速飞行过程中,由于液体开关相当于一个单摆,所以在飞机增速或减速时,由于惯性力的作用,液体开关的水泡往加速度相反的方向移动,将偏离地垂线,依据前述陀螺仪的修正原理,修正力矩电机将对陀螺施加的修正力矩将使自转轴偏离地垂线。这样地平仪就会产生误差,这种误差称为纵向加速度误差。增速飞行时,地平仪会产生上仰误差;减速飞行时,地平仪则会产生下俯误差。因此,在飞机加速飞行情况下,使用航空地平仪时,应及时利用升降速度表来检查地平仪的指示,采用误差控制装置减小指示误差。

飞机盘旋和转弯的过程中,由于惯性离心力的作用,液体开关将偏离地垂线,同样,依据前述陀螺仪的修正原理,修正力矩电机对陀螺施加的修正力矩同样将使自转轴偏离地垂线,这种误差称为盘旋误差或向心加速度误差,使用中应借鉴转弯侧滑仪来检查地平仪的指示。

由此可知,飞机在上述机动飞行的过程中,俯仰和倾斜都有指示。所以,要综合

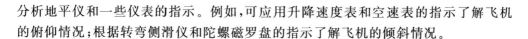

分析地平仪和一些仪表的指示。例如,可应用升降速度表和空速表的指示了解飞机的俯仰情况;根据转弯侧滑仪和陀螺磁罗盘的指示了解飞机的倾斜情况。

4.2.2　垂直陀螺仪

垂直陀螺仪,也称为远读式地平仪,用来测量飞机的姿态角,作为控制系统的敏感元件,输出与姿态角成比例的电信号。

垂直陀螺仪与航空地平仪的测量原理相同,所不同的是航空地平仪带有指示装置,作为指示仪表使用,为飞行员提供飞机俯仰和倾斜的目视信号。而垂直陀螺仪是作为姿态传感器来用,通过机电转换元件给出相应于飞机姿态角的电压信号,供自动驾驶仪或机上其他需要姿态信号的机载设备使用。

同航空地平仪一样,采用纵向安置方式,垂直陀螺仪的外环轴平行于飞机的纵轴,转子轴(H 方向)与地垂线重合,方向向上。同理,为了准确测量飞机的姿态,通过修正装置保证测量基准的准确,即始终保持陀螺转子轴与地垂线重合,从而建立一个地平面基准。

当飞机俯仰时,表壳和外框跟随机体一起转动,而内环绕内环轴保持稳定,外环绕内环轴转过的角度就等于飞机绕横向水平轴转动的角度,即飞机的俯仰角。垂直陀螺的机电转换元件电位计安装在外环上,电刷安装在内环轴上,所以反映外环与内环相对运动的电位计和电刷即可输出与俯仰角成比例的电信号。当飞机倾斜时,表壳跟随机体一起转动,而外环绕外环轴保持稳定,表壳绕外环轴转过的角度就等于飞机绕纵轴转动的角度,即飞机的倾斜角。由于电位计安装在壳体上,电刷安装在外环轴上,所以反映壳体与外环相对运动的电位计和电刷即可输出与倾斜角成比例的电信号。信号输出元件还可采用同步发生器的方式。俯仰和倾斜采用的同步发生器均为一个微电机。俯仰同步发生器的定子固定在外环上,转子固定在内环轴上。当飞机作俯仰运动时,发送器即可给出飞机的俯仰角信号。同样,仰斜同步发生器的定子固定在壳体上,转子固定在外环上。当飞机作倾斜运动时,发送器即可给出飞机的倾斜角信号。

4.2.3　姿态指引系统

为便于驾驶员驾驶飞机,及时正确地纠正飞行姿态和航向,现代飞机安装有飞行指引仪表,即飞行指引仪,直接形象地为飞行员显示操纵飞机的指令(向上还是向下,向左还是向右),驾驶员看到指示后,可随着指引要求来操纵驾驶杆。保证飞机按指定的航迹飞行。

飞行指引仪与普通飞行指引仪表的差别就在于其提供的是要求驾驶员如何操纵飞机的信息。飞行指引仪根据选定的工作方式,自动计算操纵指令,指引驾驶员操纵飞机,使飞机进入给定轨迹并保持在给定轨迹上。飞行指引仪在飞机起飞、爬升、巡航、下降、近进以及复飞的整个飞行阶段都能使用。指引仪表在飞机上有水平状态指引、飞机姿态指引和仪表着陆指引。

姿态系统是新型飞机上将指引仪与地平仪组合在一起形成的姿态指引仪表系统,其组装在一起的指示器称作姿态指引指示器。

姿态指引仪是一个复杂的系统,其输入信号除来自垂直陀螺外,还来自罗盘系统、甚高频导航、大气数据计算机、罗兰导航、指点信标接收机、复飞开关和指引方式控制板等设备。垂直陀螺可为飞机提供俯仰、倾斜姿态角基准信号;罗盘提供航向或航道偏差信号;甚高频导航接收机提供航迹偏差和下滑偏差信号;罗兰导航系统提供航迹偏离误差信号;大气数据计算机提供高度偏差信号;指点信标接收机用来改变进场着陆过程中的信号增益;复飞开关接通后为系统提供复飞指引信号;指引方式控制板通过方式选择器提供系统工作方式的选择。

综合上述输入信号,指引计算机计算出飞机应飞的姿态角,并在指示器上显示出来。驾驶员按指示器的指引信息操纵驾驶杆,使飞机进入要求的飞行状态。为了便于驾驶员观察飞机上其他设备的指示,指示器内也综合有其他信息显示,如无线电高度表的指示、仪表着陆系统指示等。

飞行姿态指引指示器目前使用的有两种:机电式姿态指引指示器(ADI)和电子姿态指引指示器(EADI)。这里仅介绍 ADI,而 EADI 将放到下一章去介绍。

机电式飞行姿态指引指示器盘面如图 4.33 所示。

俯仰刻度盘零刻度线为人工地平线,即天地线。天空背景蓝色表示飞机上仰,相应的刻度为飞机的仰角;大地背景颜色表示飞机下俯,相应的刻度为飞机的俯角。俯仰刻

图 4.33　飞行指引仪盘面

度盘由垂直陀螺输出的真实俯仰角信号驱动,相对于表面中心的小飞机标记运动而指示飞机的真实俯仰角。

倾斜刻度盘范围为左右各 60°,每刻度线代表 10°、20°、30°、和 60°,零刻度处有一个三角形指标"▽"。下方也有一个三角形指标"△",相当于倾斜指针,由垂直陀螺输出的真实倾斜角信号驱动,相对于倾斜角刻度盘转动而指示飞机的真实倾斜角。判读时,三角形指标"△"所对准的刻度值即为飞机的真实倾斜角。

指引仪指示器指示的主要参数是姿态角和姿态指令,信息来自垂直陀螺或惯性基准系统。飞行姿态指引针受飞机姿态指引计算机输出信号的驱动。

现代飞机上使用的姿态系统即姿态指引系统以陀螺为敏感元件,形成中心姿态信号源。图 4.34 所示为波音 737 飞机的姿态指引系统原理方块图。

波音 737 飞机的姿态指引系统由两套垂直陀螺仪和姿态指引指示仪(ADI)等部件组成。在正常情况下,两套系统分别为正、副驾驶员提供姿态显示。在非正常情况

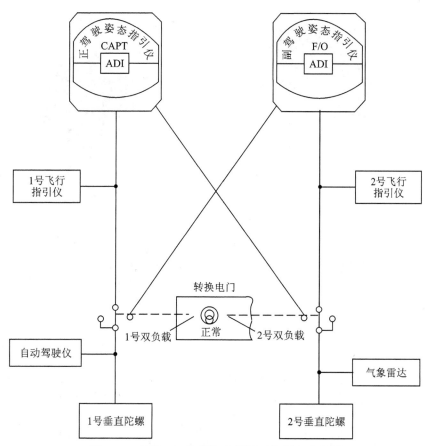

图 4.34　波音 737 飞机姿态指引系统原理方块图

下。可以通过转换电门选择,使两个指示器指示的姿态信息都来自一个垂直陀螺传感器(即图中垂直陀螺 1 号或 2 号)。

姿态系统的垂直陀螺仪,除了为指示器提供俯仰角和倾斜角信号外,还为机上其他设备提供姿态角信息。如图 4.34 所示,除了上述飞行指引仪外,还有自动驾驶仪和气象雷达。在正常情况下,1 号系统为 1 号指引仪和自动驾驶仪提供姿态信号;2 号系统为 2 号指引仪和气象雷达提供姿态信息。在非正常情况下,两套指引仪可以共用一个垂直陀螺仪,而自动驾驶仪和气象雷达则不能转换。

4.2.4　转弯侧滑仪

单自由度速率陀螺仪用以测量飞机绕着各机体轴转动的角速度,同时还可作为指示仪表。例如显示飞机转弯角速度的转弯仪,可为飞行员提供转弯角速度的目视信号。

图 4.35 所示为小型飞机上多采用的转弯侧滑仪,这种转弯侧滑仪即为基于单自由度陀螺仪的原理来测量飞机转弯角速度的飞行仪表。图 4.36 为这种转弯侧滑仪的表盘图。

图 4.35 转弯侧滑仪

图 4.36 转弯侧滑仪表盘图

转弯侧滑仪的基本结构如图 4.37 所示,其由转弯仪和侧滑仪两个独立的仪表组合而成。转弯仪和侧滑仪的综合指示,对于飞行员保持飞机直线飞行和进行无侧滑的协调转弯具有重要的作用。

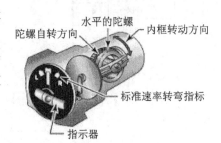

图 4.37 转弯侧滑仪的结构图

1. 转弯仪

转弯仪是电系统驱动的,也称为电动转弯仪,是一种单自由度速率陀螺仪,用来指示飞机转弯(或盘旋)的方向,并粗略反映飞机转弯的快慢程度。有的转弯仪还可用来指示飞机在某一真空速时无侧滑转弯的倾斜角。常见的三种转弯仪指示器如图 4.38 所示。

图 4.38 转弯仪指示器

转弯仪的基本组成如图 4.39 所示。转弯仪由单自由度速率陀螺仪、平衡弹簧、空气阻尼器和指示机构组成。安装时,陀螺的自转轴与飞机的横轴平行,自转角速度向量指向左机翼,内框轴与飞机纵轴平行,测量轴与飞机立轴平行。

转弯仪利用单自由度速率陀螺仪的进动特性工作并指示转弯方向。

当飞机直线飞行时,内框在平衡弹簧的作用下,稳定在初始位置,指针指示在刻度盘中央,表示飞机没有转弯。

当飞机以一定的角速度向左转弯时,转弯角速度矢量向上。由于自转角速度矢量指向左机翼,所以内框顺时针进动。当引起陀螺进动的力矩与平衡弹簧产生的反作用力矩平衡时,内框的进动停止。内框的转角通过拨杆传送给指针,使指针偏向左

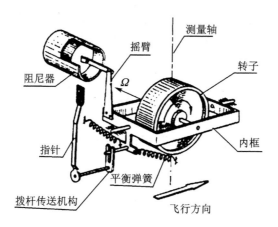

图4.39 转弯仪的基本组成

方,表示飞机在向左转弯,如图4.40所示。转弯停止后,内框在平衡弹簧的作用下回到初始位置,指针回到刻度盘中央。同理,当飞机向右转弯时,内框反时针进动,带动指针偏离刻度盘中央指向右方,表示飞机在向右转弯。

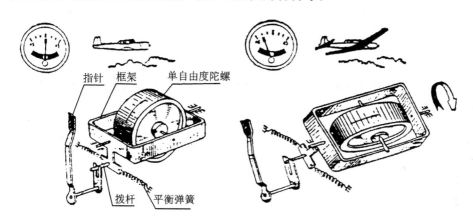

图4.40 转弯仪的原理

转弯仪可粗略反映飞机转弯的快慢程度。如果飞机以恒定的角速度转弯,引起陀螺进动的力矩是恒定的,内框转角和指针偏转角度也一定。飞机转弯角速度越大,引起陀螺进动的力矩也越大,内框转角和指针偏转角度也越大,因此,转弯仪也可以反映飞机转弯的快慢程度。由于转弯仪的内框转角不仅与飞机的转弯角速度有关,而且还与飞机的倾斜角度有关,因此,转弯仪只能粗略反映飞机转弯的快慢程度。

有的转弯仪除了指示飞机的转弯方向之外,还作为转弯协调仪使用,如图4.41所示,在一定条件下辅助航空地平仪指示飞机的倾斜角。

转弯仪指示飞机倾斜角的基本原理如图4.42所示。

当飞机转弯时,为了不使飞机产生侧滑,在飞行速度一定的条件下,飞机的转弯角速度越大,倾斜角也越大。当飞机作无侧滑转弯时,作用在飞机上的重力和离心力的合力与飞机的升力大小相等、方向相反;重力与合力的夹角即等于飞机的倾斜角。这里,飞机倾斜角与惯性离心力 F_1、重力 G 的关系如下:

$$\tan \phi = \frac{F_1}{G} \qquad (4-21)$$

而

$$F_1 = mV\omega$$
$$G = mg$$

式中,m 为飞机的质量;V 为飞机的飞行速度;g 为重力加速度;ω 为飞机的转弯角速度。因此

$$\tan \phi = \frac{mV\omega}{mg} = \frac{V\omega}{g} \qquad (4-22)$$

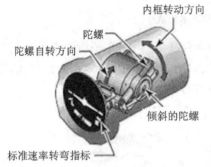

内框转动方向
陀螺
陀螺自转方向
倾斜的陀螺
标准速率转弯指标

图 4.41　转弯协调仪

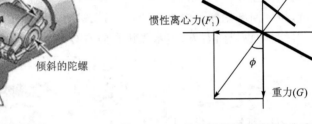

惯性离心力(F_1)
ϕ
重力(G)

图 4.42　飞机无侧滑转弯时重力和离心力的关系

即

$$\omega = \frac{g}{V}\tan \phi \qquad (4-23)$$

所以,测量出飞机的角速度,即可以获得飞机的倾斜角。

2. 侧滑仪

飞行中,空速矢量与飞机对称面不平行的飞行状态,称为侧滑。空速矢量与飞机对称面之间的夹角称为侧滑角。飞机直线飞行时,空速矢量偏向对称面左侧叫左侧滑,偏向对称面右侧叫做右侧滑;转弯时,空速矢量偏向转弯内侧叫内侧滑,偏向转弯外侧叫外侧滑。

侧滑仪(Slip Indicator)是用来指示飞机有无侧滑和侧滑方向的仪表,常与转弯仪配合使用,为驾驶员操纵飞机协调转弯提供指示。

侧滑仪由小球、玻璃管和阻尼液等组成,如图 4.43 所示,相当于单摆摆锤的小球作为敏感元件,能在玻璃管中自由滚动。玻璃管的曲率半径相当于摆长。阻尼液对小球起阻尼作用。

侧滑仪利用小球模拟飞机在横轴方向的受力情况来指示飞机转弯是否协调。飞机在作无侧滑转弯运动时,沿横轴方向受到两个力的作用,其中一个力是惯性离心力

的分力 F_x，另一个力是重力的分力 G_x，这两个力的方向是相反的，如图 4.44 所示。当此二力大小相等时，其横向的合力基本上等于零（忽略方向舵偏转所产生的空气动力、螺旋桨扭转气流的作用力等），飞机不会产生侧滑；反之，若两个分力大小不相等，横向的合力则不为零，飞机便会产生侧滑。

（1）飞机直线飞行

当飞机直线无侧滑飞行时，侧滑仪小球受重力的作用，停在玻璃管中央的两条标线中间，如图 4.45（a）所示。

当飞机带坡度产生侧滑时，重力使小球偏离中央。飞机左侧滑，小球偏向左边，如图 4.45（b）所示；反之，飞机右侧滑，小球则偏向右边。

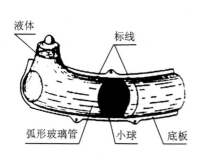

图 4.43　侧滑仪的结构

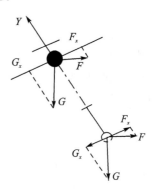

图 4.44　测量飞机侧滑的原理

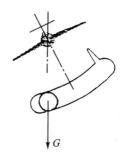

(a) 飞机直线无侧滑飞行　　　　　(b) 飞机带坡度飞行产生侧滑

图 4.45　飞机直线飞行时侧滑仪的指示

（2）飞机转弯飞行

当飞机以角速度 ω 作无侧滑转弯时，飞机的立轴相对于地垂线倾斜了 ϕ 角。此时作用在飞机横轴上的合力为零，飞机没有侧滑。由于侧滑仪的玻璃管也跟着飞机倾斜了 ϕ 角，所以作用在小球上的横向合力也等于零，即 $F_x = G_x$，这时小球处在玻璃管中间，表示飞机没有侧滑，如图 4.46（a）所示。

当飞机转弯时的倾斜角过小或转弯角速度过大时，在横向合力的作用下，飞机将

(a) 无侧滑转弯　　　　　　(b) 外侧滑转弯　　　　　　(c) 内侧滑转弯

图 4.46　转弯侧滑仪的指示情况

发生外侧滑。此时作用在小球上的横向力合力不为零,惯性离心力的分力 F_x 大于重力的分力 G_x,这两个力的方向是相反的,在此二力的作用下,小球偏离玻璃管中央向外侧运动,如图 4.46(b)所示。由于玻璃管是弯曲的,所以随着小球向右运动,作用在小球上的力 F_x 和 G_x 都要改变。F_x 不断减小,G_x 不断增大,当两个分力相等时,小球停止运动,如图 4.47 所示。

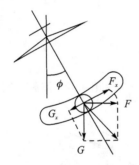 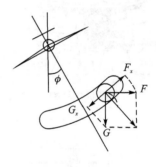

(a) 小球欲向右(外侧)运动　　　　　　(b) 小球停右侧

图 4.47　飞机发生侧滑时侧滑仪的指示原理

　　反之,当飞机发生内侧滑时,作用在小球上的横向力合力不为零,此时惯性离心力的分力 F_x 小于重力的分力 G_x,使小球偏离玻璃管中央向内侧运动,这时的指示如图 4.46(c)所示。飞机横向合力越大,侧滑越严重;小球受到的横向合力也越大,偏离中央的位置也越远。所以,小球偏离中央位置的方向和距离,可以表示飞机侧滑的方向和严重程度。

　　综上所述,在飞机转弯时,如果横向合力为零,小球停在玻璃管中央,则表示无侧滑;如果横向合力不为零,小球偏向玻璃管外侧,则表示外侧滑;如果横向合力不为零,小球偏向玻璃管内侧,则表示内侧滑。横向合力越大,小球偏离中央位置越远,表示飞机侧滑越严重。

3. 仪表的使用

　　飞行前,要检查仪表。侧滑仪内应充满液体,小球应处于中央。接通电门时,陀

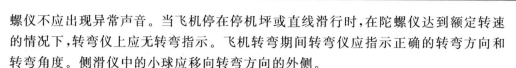

螺仪不应出现异常声音。当飞机停在停机坪或直线滑行时,在陀螺仪达到额定转速的情况下,转弯仪上应无转弯指示。飞机转弯期间转弯仪应指示正确的转弯方向和转弯角度。侧滑仪中的小球应移向转弯方向的外侧。

空中飞行时,应注意转弯仪和侧滑仪的配合使用,依前述原理来完成飞机的操纵。当飞机保持预定航向飞行时,由于角速度超前于角度,所以当有偏转角速度时,转弯仪指针会偏离零位,经过一段时间后航向指示器才会出现航向角指示。因此,飞行员应注意综合使用转弯仪和磁罗盘等航向指示仪表,及时制止飞机的偏航,以保持正常的航向飞行。

4.3　航向测量仪表

航向表示飞机的飞行方向,飞机航向的测量对于保障飞行安全和飞行任务的完成是十分重要的。

测量飞机航向的仪表叫做航空罗盘(简称罗盘),罗盘是重要的驾驶领航仪表之一。

根据测量原理的不同,罗盘可以分为不同的种类,其中有利用地磁测量航向的磁罗盘、利用陀螺测量航向的陀螺半罗盘(航向陀螺仪)、利用天体来测量航向的天文罗盘以及利用地磁和陀螺共同测量航向的陀螺磁罗盘等。

小型飞机上常用磁罗盘、陀螺半罗盘和陀螺磁罗盘(或罗盘系统),而大、中型飞机上则采用磁罗盘、罗盘系统或惯性基准系统来测量航向。

本节主要介绍磁罗盘、陀螺半罗盘、陀螺磁罗盘以及罗盘系统的基本原理和应用。

4.3.1　磁罗盘

磁罗盘是通过感受地球磁场来测量飞机航向的仪表,其表面如图 4.48 所示。由于磁罗盘的结构简单、可靠,所以飞机上都安装有磁罗盘。

首先介绍几个相关的概念。

1. 地　磁

(1)磁　场

地球的磁场如图 4.49 所示。地球磁场具有磁性,地磁场的北极靠近地理北极,叫做北磁极,位于北纬 74.9°、西经 101°的地方;地磁场的南极靠近地理南极,位于南纬 67.1°、东经 142.7°的地方。北磁极具有磁南极的磁性,而南磁极则具有磁北极的磁性。地球磁场的强度在赤道附近最弱,在地磁极附近最强。

图 4.48　磁罗盘表面

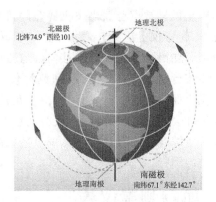

图 4.49　地球磁场

(2) 磁　倾

地球磁场的磁力线收敛于南北极,所以地球磁场强度的方向与水平面不平行。地磁强度与水平面的夹角称为磁倾角,简称磁倾 θ。某地磁倾的大小也称为磁纬度。

地磁强度 T 可分为平行于水平面的水平分量 $H(H=T\cos\theta)$ 和垂直于水平面的垂直分量 $Z(Z=T\sin\theta)$,如图 4.50 所示。地磁水平分量的方向称为磁经线,也称为磁子午线。磁针在地磁水平分量的作用下,指示出磁经线的方向,地磁的垂直分量使磁针倾斜。

(3) 磁　差

磁经线偏离真经线的角度称为磁差,如图 4.51 所示。磁经线北端(简称磁北)偏在真经线北端(简称真北)以东,磁差为正;磁经线北端偏在真经线北端以西,磁差为负,如图 4.51 所示。各地磁差的大小和符号有所不同,飞行员可在航空地图上查出来。

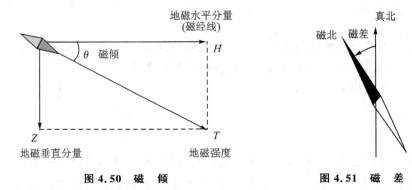

图 4.50　磁　倾　　　　　　　　　　　　图 4.51　磁　差

磁差一方面受地球磁性矿物影响,另一方面会随时间而变化。飞行时,应根据磁差年变率和航空地图上所标磁差的年份,来修正地图上的磁差值。

地球磁场在全球范围内突然发生急剧而不规则的扰动,即当磁暴产生时,磁差受影响较大。磁暴过去后,磁差则会恢复正常值。

2. 航　向

飞机的航向为飞机纵轴与经线在水平面上的夹角。所取经线不同航向的定义则不同。飞机纵轴在水平面上的投影与指北线之间的夹角称为航向角,如图 4.52 所示。

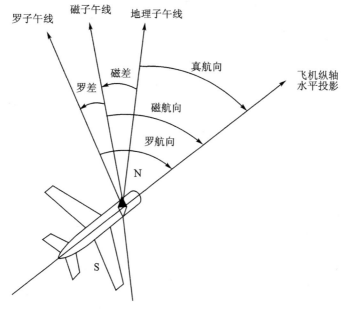

图 4.52　各种航向

① 真航向　指北线若是指沿子午线并指北的线,即地理经线(真子午线),则其与飞机纵轴水平投影之间的夹角为真航向角,依此计算的航向为真航向。

② 磁航向　地磁水平分量的方向线为磁子午线。指北线若是指磁子午线,则其与飞机纵轴水平投影之间的夹角为磁航向角,依此计算的航向为磁航向。两个航向角之间的差角称为磁差角。得知磁航向角,根据当地经度 λ 和纬度 φ 可计算磁差角,对其加以补偿,即可得到真航向角。

③ 罗航向　飞机上的钢铁物质和工作着的电器设备所形成的磁场即为飞机磁场。飞机磁场与地磁所形成合成磁场的水平投影称为罗子午线。飞机纵轴水平投影与罗子午线夹角为罗航向角,依此计算的航向为罗航向。

罗子午线与磁子午线之间夹角为罗差角(compass deviation);罗子午线北端在磁子午线东边,罗差角为正。

④ 陀螺航向　航向陀螺指示的航向为陀螺航向。航向陀螺的基准线可以任选,如果基准线选为磁子午线,则测量的为陀螺磁航向;如果基准线选为地理子午线,则测量的为陀螺真航向。航向陀螺通常与磁罗盘配合使用。

⑤ 大圆圈航向　地球为一个球体,其任一截面与球面的交线均为一个圆圈,其中以通过地心的截面与地球表面相交的圆圈为最大,如图 4.53 所示。故称通过地心的截面与地球表面相交的圆圈为大圆圈,飞机沿大圆圈线飞行的航向为大圆圈航向。

3. 磁罗盘的基本原理

磁罗盘用来测量飞机的罗航向,是所有飞机必需的设备。磁罗盘的基本原理是利用自由旋转的磁条跟踪罗经线的特性来指示飞机的罗航向。

(1) 磁罗盘的基本结构

磁罗盘结构简单,它经常是飞机上唯一的一个寻找方向的仪表。磁罗盘的基本结构包括:罗牌和罗盘油,表壳和航向标线,罗差修正器和照明灯等部分,其组成结构如图4.54所示。

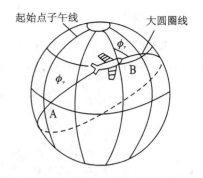

图4.53　大圆圈航向与大圆圈航线

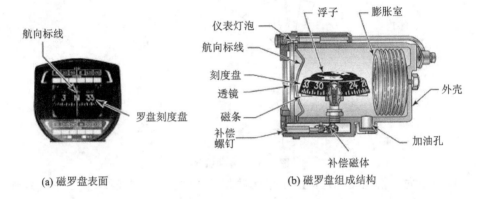

(a) 磁罗盘表面　　　　　　(b) 磁罗盘组成结构

图4.54　磁罗盘组成结构图

罗牌和罗盘油:罗牌是磁罗盘的敏感元件,由磁条、轴尖、浮子和刻度环组成。浮子是密封的,内部有空气,下面平行地固定着两根磁极强度相等的磁条。浮子四周安装有裙状的刻度环,刻度为0°~360°,每30°间隔用一个数字标出,最后的0°被忽略。例如,30°在刻度盘上表示为3,而300°表示为30。在这些数字之间,刻度盘按5°分度。罗盘刻度的字母标出了主要的航向,航向指示仪故障时它可作为备用设备。

罗牌由带减振装置的轴碗支撑着,其中央有一个轴尖插入轴碗中,通过特殊装置固定,能自由转动。

为了增加罗牌运动的阻尼和减少罗牌对轴承的压力,在罗牌的表壳内装满罗盘油,通过罗盘油的浮力来减少轴尖对轴承的压力,以此减小轴尖和轴承之间的摩擦力。由于罗盘油具有粘性,因此当罗牌摆动时,将会受到液体的阻尼力矩的作用而很快的稳定下来。

罗盘上部有膨胀室,膨胀室中有一定的空隙,随着罗盘油体积的变化而自行调节。

表壳和航向标线:如图4.54(a)所示,由非磁性材料制成的表壳前面的窗口正中央,固定有一根航向标线,用来代表飞机纵轴。窗口为凸透形,用于放大刻度。

　　罗差修正器和照明灯:罗差修正器安装在磁罗盘正下方(有的安装在罗盘正上方)的表壳上,如图 4.55 所示,用来产生硬铁磁场,以抵消飞机硬铁磁场对罗盘的影响,从而达到消除(或减小)半圆罗差的目的。罗差修正器的组成结构如图 4.56 所示。

图 4.55　罗差修正器的安装

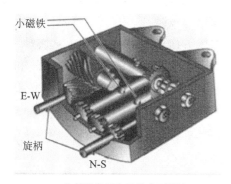

(a) 小磁铁处于飞机纵向平面内

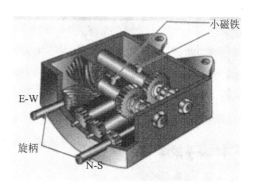

(b) 小磁铁处于飞机横向平面内

图 4.56　罗差修正器的结构

　　罗差修正器中有两对永久小磁铁,分别插在可以转动的上下两层的蜗杆小孔中。蜗杆采用非磁性材料制成,下层两个蜗杆与上层的两个蜗杆处于相互垂直的位置。其中,上层的一对小磁铁处于飞机的纵向平面内,如图 4.56(a)所示,上层蜗杆的转动受 E—W 旋柄控制,其结果可以沿纵轴方向产生附加磁场,抵消沿纵轴方向飞机磁场对罗牌的影响;下层的一对小磁铁结构同上层,应插在垂直于上层的两个下层蜗杆当中,如图 4.56(b)所示,所以方向不同,其处于飞机的横向平面内。下层蜗杆的转动则受"N—S"旋柄控制,由此便可以沿横轴方向产生附加磁场,以抵消沿横轴方向飞机磁场对罗牌的影响。

　　当小磁铁处于垂直位置时,产生的人工磁场,如图 4.57(a)所示,对罗盘的影响最小。当小磁铁处于水平位置时,产生的磁场,如图 4.57(c)所示,对罗盘的影响最大,消除罗差的能力最强。当小磁铁在上述二者之间任何角度时,如图 4.57(b)所示,消除罗差的能力介于二者之间。

如若要改变人工磁场的方向,只需将小磁铁转动180°即可。

在此要说明的是,上层的一对小磁铁所产生的磁场用以抵消飞机硬铁磁场的纵向水平分量;而下层的一对小磁铁所产生的磁场则用来抵消飞机硬铁磁场的横向水平分量。

由此可知,只要适当地转动旋钮,改变各对小磁铁的方向,即可在一定范围内消除不同符号、不同大小的罗差。

罗盘的照明灯是为了保证自然光不足或夜间飞行时能更好地看清表盘的读数。为了防止电磁场对罗盘指示的影响,照明灯必须采用直流电源供电。

图 4.57 罗差修正器产生的磁场

(2) 磁罗盘的基本原理

磁条是磁罗盘的敏感元件,如图 4.58(a)所示,可以在水平面内自由旋转。上面所固定的 0～360°环形刻度盘上的 0～180°刻度线与磁条方向一致。航向标线固定在表壳上,代表着飞机的纵轴。

当飞机的航向改变时,磁条始终稳定在罗经线方向,表壳随着飞机一起转动。因此,航向标线在刻度盘上所指的角度,即为飞机纵轴与罗经线在水平面上的夹角,也就是罗航向,如图 4.58(b)、图 4.58(c)所示。

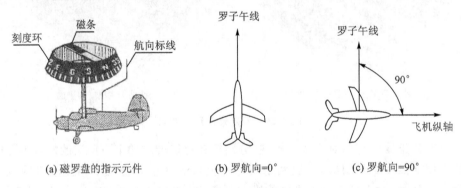

(a) 磁罗盘的指示元件   (b) 罗航向=0°   (c) 罗航向=90°

图 4.58 磁罗盘的指示原理

4. 磁罗盘的误差

磁罗盘具有罗差和飞行误差。

(1) 罗 差

1) 罗差的产生

磁罗盘装上飞机后,其传感器在感受到地球磁场的同时,也感受到飞机磁场,即由飞机上的钢铁物质和工作着的电器设备所形成的磁场的影响,飞机磁场也可以分解为水平分量和垂直分量两部分。地球磁场水平分量与飞机磁场水平分量形成的合

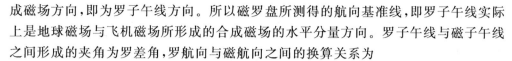

成磁场方向,即为罗子午线方向。所以磁罗盘所测得的航向基准线,即罗子午线实际上是地球磁场与飞机磁场所形成的合成磁场的水平分量方向。罗子午线与磁子午线之间形成的夹角为罗差角,罗航向与磁航向之间的换算关系为

$$\psi_M = \psi_L + \Delta\psi_L$$

式中,ψ_M 为磁航向角,ψ_L 为罗航向角,$\Delta\psi_L$ 为罗差角。

　　地球磁场的水平分量是相对于地球固定不动的,而飞机磁场的大小和方向则随着飞行航向和飞行姿态的改变而变化。甚至地理纬度的改变,也会引起飞机磁场的变化。所以,合成磁场的大小和方向也随着飞行状态的改变而变化,使罗差成了飞行状态的函数。

　　相应地,磁罗盘传感器所感受到的总磁场的大小和方向随着具体飞机及飞机方向的不同而不同,即在不同航向上罗差不同。消除罗差,可以通过罗盘上的罗差修正器、罗差修正机构以及罗盘传感器安装角度的调整等方法来进行。

　　2) 罗差的种类

　　罗差可分为半圆罗差、圆周罗差和象限罗差、安装罗差四种。

　　磁场由硬铁磁场(永久磁场)和软铁磁场(称为感应磁场)两部分组成。软铁磁场受地球磁场和硬铁磁场磁化产生。由机上硬铁磁场磁化的那部分软铁磁场,性质与硬铁磁场相同,可认为是硬铁磁场的一部分;而受地球磁场磁化的那部分软铁磁场,性质与地磁相同,可认为是地磁场的一部分。所以,总的软铁磁场大小和方向随着飞机飞行状态的改变而变化。飞机硬铁磁场的大小和方向相对于飞机的方位是不变的,与飞机状态无关。

　　半圆罗差主要由飞机硬铁磁场的水平分量引起。硬铁磁场水平分量的方向相对于飞机是固定的。在航向改变360°的过程中,硬铁磁场水平分量的方向,在地磁水平分量的东侧和西侧各占180°范围,引起的罗差分别为正值和负值;当硬铁磁场水平分量与地磁水平分量垂直时罗差最大。

　　圆周罗差和象限罗差由飞机软铁磁场的水平分量引起。在飞机航向改变360°的过程中,罗差符号和大小均保持不变,称为圆周罗差(或称等值罗差);罗差四次为零,四次达到最大,且每隔90°改变一次符号,称为象限罗差或四分之一罗差。

　　安装罗差由罗盘在飞机上的安装位置(角度)不准确所引起。在飞机上安装罗盘时,如果罗盘上的航向标线与实际飞机的纵轴不一致,便产生安装罗差。其误差取决于航向标线与实际飞机纵轴之间的差角大小。安装误差与飞机飞行状态无关。

　　3) 罗差的消除方法

　　① 半圆罗差的消除:半圆罗差是由飞机硬铁磁场水平分量对罗盘的影响所引起的,可以利用罗差修正器所产生的人工磁场来消除半圆罗差。

　　② 圆周罗差的消除:可以调整安装罗差的大小来消除圆周罗差,应使安装罗差的大小与圆周罗差值相等,但方向应相反。

　　③ 象限罗差的消除:可采用机械方法消除象限罗差,即从结构上改变传感器到

指示器的传送角度。由于这一方法的机械结构体积较大,不适用于直读式磁罗盘,只能用于远读式磁罗盘和陀螺磁罗盘。对于直读式磁罗盘的象限误差,将和其他剩余罗差综合在一起,用罗差卡片的形式记录下来,放到飞机上或装入罗盘的技术档案资料中。

④ 安装罗差的消除:重新调整磁罗盘的安装角度,使罗盘上的航向标线与飞机实际的纵轴位置一致,安装罗差便消除了。

磁罗盘需要定期校正,采用以上各种方法可将罗差减小到最小程度,如此便可将罗盘指示的航向视为磁航向。

(2) 飞行误差

飞机飞行过程中,飞机在俯仰、倾斜、盘旋、加速或减速时,飞机磁场和地球磁场的垂直分量均会对磁罗盘产生影响,使其指示出现误差,这些误差统称为飞行误差。

1) 俯仰与倾斜误差

俯仰、倾斜误差是飞机俯仰、倾斜时,飞机磁场垂直分量所引起的误差。

飞机磁场由硬铁磁场(永久磁场)和软铁磁场(感应磁场)两部分组成。当飞机俯仰或倾斜时,磁罗盘传感器敏感部分仍保持水平,而飞机硬铁磁场的垂直分量 R 则随飞机一起俯仰或倾斜,如图 4.59 所示。这时,R 在敏感部分的平面上产生一个分量 R_1,如果该分量与地磁方向不一致,二者的合成磁场将偏离磁经线,使罗盘产生误差,这便是俯仰、倾斜误差。当飞机改平后,误差自行消失。

2) 加速度误差

加速度误差是指当飞机沿纵轴方向有加速度时,由惯性力、地磁垂直分量和飞机磁场垂直分量所引起的误差。如图 4.60 所示,由于磁罗盘敏感部分(称为罗牌)的重心偏于支点的南面和下面,所以当飞机有纵向加速度时,即有惯性力作用于飞机的重心,并产生惯性力矩使得罗牌在水平面内转动,从而导致罗盘直接产生指示误差;罗牌同时又偏离水平面,使得地磁和飞机磁场垂直分量作用于罗牌平面而产生误差。

飞机在东西磁航向上加速度误差最大,在南北磁航向上加速度误差最小。为了避免加速度误差,应在飞机匀速飞行时判读航向。

3) 转弯误差

转弯误差是飞机转弯时,由地磁垂直分量所引起的一种误差,这种误差对飞机影响很大。

飞机转弯时,罗牌与飞机同一方向倾斜,如图 4.61 所示。罗牌倾斜后,地磁垂直分量在罗牌平面上便有一个分量,当该分量与地磁水平分量的方向不一致时,二者的合成磁场将偏离磁经线方向,致使罗盘产生误差。

此外,转弯误差还与磁航向、磁倾角有关。磁倾角越大,转弯误差越大。飞机在 0°(或 180°)磁航向上,若向东或向西转弯时,误差最明显,因此这种误差也称为北转误差。离磁极越近,误差越大。在赤道上,转弯误差为零。

在北半球,飞机从 0°磁航向开始转弯时,误差现象是,转弯瞬间,罗盘会给出向

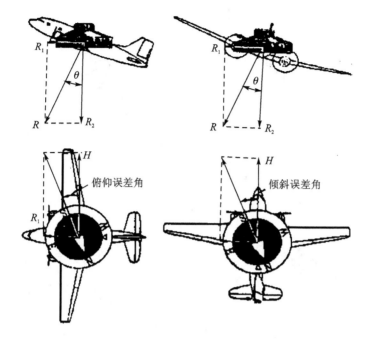

图 4.59　磁罗盘的俯仰、倾斜误差

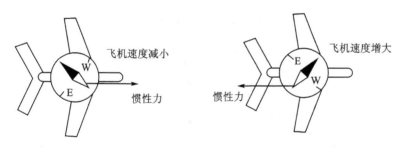

图 4.60　加速度误差的产生

相反方向转弯的指示。转弯建立起来之后,罗盘开始指示正确的转弯方向,但指示的转弯角度小于实际的转弯角度。其原因是,由于向左转弯时,飞机向左倾斜,地磁垂直分量在罗盘平面上的分量 Z' 指向飞机左方。Z' 与地磁水平分量 H 的合成磁场指向飞机左前方,偏离了磁经线方向。罗牌将向左转动,停在合成磁场的方向上。由于罗牌转动方向与飞机转弯方向相同,两者的相对转角减小,因此在转弯过程中,罗盘指示的转弯角度小于飞机实际的转弯角度,如图 4.62 所示。随着转弯的继续,滞后量会逐渐减小。在飞机到达东西磁航向后,滞后量才会彻底消失。

　　飞机从 180°磁航向开始转弯时,误差现象是,转弯瞬间,罗盘指示正确的转弯方向,但指示的转弯角度大于实际的转弯角度。当飞机到达东西磁航向时,这种误差才会消失。

　　其误差产生的原因是,飞机由 180°磁航向向西转弯时,地磁垂直分量在罗盘平

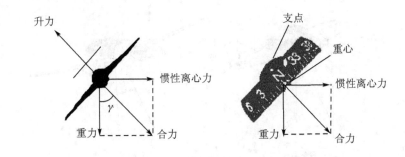

图 4.61   敏感部分随飞机倾斜

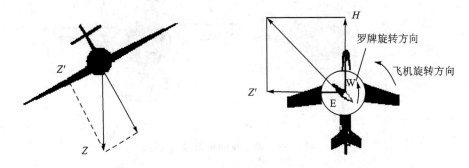

图 4.62   由 0°磁航向向西转弯时的转弯误差

面上的分量 Z' 指向飞机右方。罗牌转动方向与飞机转弯方向相反,如图 4.63 所示,罗盘指示的转弯角度大于飞机实际的转弯角度。

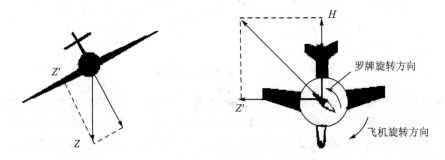

图 4.63   由 180°磁航向向西转弯时的转弯误差

　　当飞机从 90°或 270°磁航向向北转弯时,转弯瞬间罗盘不会出现误差。但随着飞机逐渐接近 0°磁航向,罗盘指示值会逐渐接近于实际值。当飞机从 90°或 270°磁航向向南转弯时,若磁倾角较小,罗盘会给出正确的航向指示;若磁倾角大于或等于临界磁倾角(90°一当地磁倾),罗盘指示会有误差。但随着飞机逐渐接近 180°磁航

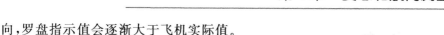

向,罗盘指示值会逐渐大于飞机实际值。

飞行员根据磁罗盘操纵飞机转向预定航向时,必须考虑转弯误差,即根据磁罗盘的指示,提前或延迟改出转弯。在北半球飞行,如果不考虑飞机的惯性,转弯后航向在 $90°\sim0°\sim270°$ 范围内,应提前改出;在 $90°\sim180°\sim270°$ 范围内,应延迟改出。提前或延迟量的大小等于飞机所在地区的纬度加上或减去飞机转弯的正确改出量(通常为坡度的一半)。例如,在北纬在 $35°$ 地区,飞机以 $15°$ 坡度右转弯至 $0°$ 航向,应提前 $42°(35°+7°)$ 改出,即在 $318°(360°-42°)$ 时改出;右转弯至 $180°$ 航向,应延迟 $28°$ $(35°-7°)$ 改出,即在 $208°(180°+28°)$ 时改出;当仍在该纬度地区,左转弯至 $0°$ 航向时,在 $42°$ 时改出,左转弯至 $180°$ 航向时,在 $152°(180°-28°)$ 时改出。南半球的转弯误差与北半球时相反。

4)涡动误差

飞机转动时,磁罗盘的敏感部分受到阻尼力矩作用所产生的误差称为涡动误差。

飞机转弯时,罗盘壳体随飞机转动,罗盘油由于摩擦的作用将产生运动,并且带动罗牌向着转弯方向转动。当飞机停止转动时,罗盘油的惯性作用将使罗牌继续转动一段时间,结果导致磁罗盘出现指示误差。另外,当飞机绕纵轴或横轴转动时,罗盘油同样会带动罗牌倾斜,这时地磁垂直分量和飞机磁场的垂直分量也会使罗盘产生误差。

为了避免涡动误差,应在飞机改为平直飞行 $15\sim20$ 秒时,待罗牌稳定后再判读航向。

5．磁罗盘的使用

① 由于磁罗盘飞行误差大,所以一般都作为备用仪表使用,即在主罗盘失效后使用。

② 应在飞机匀速飞行时判读航向,以避免飞行误差。若在转弯时使用,则应注意修正转弯误差。

③ 在磁矿区飞行时,磁罗盘误差较大。通过增加飞行高度,可减小误差。

④ 在两极飞行时,由于地磁的水平分量很小,所以磁罗盘不能准确指示航向,可考虑采用其他方式来获取航向信息。

4.3.2　陀螺半罗盘

陀螺半罗盘,又称陀螺方向仪或航向陀螺仪,图 4.64 所示为飞机上所用的航向陀螺仪。

航向陀螺仪通过刻度盘提供清晰、精确的航向指示。刻度盘在基准方位上标有字母,N 表示北,S 表示南,E 表示东,W 表示西;盘面上以 $5°$ 为一个刻度,每隔 $30°$ 用一个数字标示,其各位上的零被删去,如图 4.65 所示为飞机上所用的航向陀螺仪表面。

图 4.64　陀螺方向仪

图 4.65　航向陀螺仪表面

　　航向陀螺仪也是一种应用陀螺稳定的航向指示器,其高速旋转的转子可由压力、吸力或电力来驱动,故分别称为气动航向陀螺和电动航向陀螺。

1. 电动式陀螺半罗盘

　　同航空地平仪一样,电动式航向方向仪也分为两种,一种是直读式,另一种是远读式。

　　直读式陀螺半罗盘多用于小飞机上,远读式陀螺半罗盘主要用于大中型飞机上,而现在多被罗盘系统所取代,已很少用,所以本书仅阐述直读式陀螺半罗盘。

　　陀螺半罗盘利用二自由度陀螺仪的稳定性工作,用于测量飞机的转弯角度。经过校正,可以指示飞机的航向。由于这种仪表不能独立测量飞机的航向,必须与其他罗盘配合使用,故称其为半罗盘。

　　陀螺半罗盘的组成结构如图 4.66 所示。陀螺半罗盘由二自由度陀螺、水平修正和方位修正装置、指示器等部分组成。

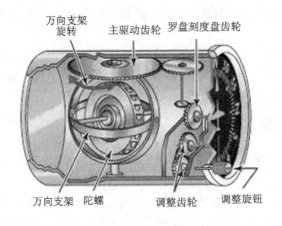

图 4.66　陀螺半罗盘的原理示意图

(1) 陀螺半罗盘的原理

　　陀螺半罗盘的原理图如图 4.67 所示。

二自由度陀螺仪的外环轴垂直安装,驾驶员在使用前将自转轴调整到指北线(航向基准线)方向。当飞机改变航向时,自转轴仍然稳定在指北线方向,即外环绕外环轴仍然保持稳定。刻度盘固定在外框上,航向指标固定在表壳上,代表飞机纵轴。

当飞机转弯时,由于陀螺仪的稳定性,自转轴方位不变,内、外环彼此垂直,固定刻度盘的外环轴不动,刻度盘亦不动,而航向指标则随着飞机转动。因此,航向指标相对于刻度盘的转角即表示飞机的转弯角度。

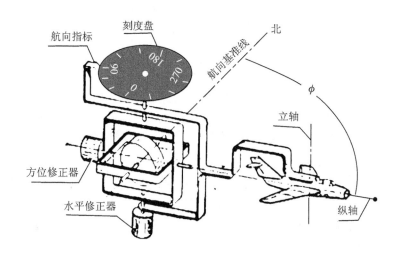

图 4.67　陀螺半罗盘的原理图

由于受陀螺漂移、地球自转和飞行速度等因素的影响,自转轴不能长时间地稳定在指北线方向。一方面,自转轴将绕内环轴逐渐偏离水平面,从而造成自转轴与外环轴不能保持垂直关系;另一方面,自转轴将绕外环轴逐渐偏离子午面,从而造成航向角的测量误差。

由此可见,要利用二自由度陀螺仪来测量飞机的航向,必须增加两种修正,即水平修正和方位修正。

水平修正装置用来保持自转轴水平并以此来保持自转轴与外环轴的垂直关系。如图 4.68 所示,修正装置由液体开关与力矩电机组成。液体开关安装在内环上,通过电路与外环轴向力矩电机相连。当自转轴处于水平位置时,液体开关中的气泡处于中间位置,均等地盖住上面的两个电极。这时从中心电极到上部两个电极的电阻相等,通过力矩电机两个控制绕组的电流大小相等,方向相反,无修正力矩产生。当自转轴偏离水平位置时,液体开关随之倾斜,气泡偏离中间位置,其上部的一个电极被气泡盖住的面积增大,另一个电极导电液浸没的面积增大。这时从中心电极到上部两个电极的电阻不等,通过力矩电机两个控制绕组的电流则不相等,因此力矩电机产生修正力矩作用在外环上,使自转轴绕内环轴进动并恢复到水平状态。

方位修正装置由内环轴向的力矩电机和控制盒中的两个电位计组成。纬度修正电

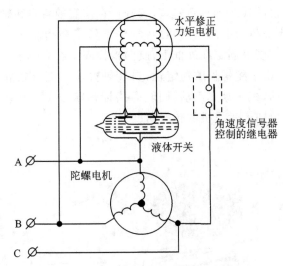

图 4.68   航向陀螺仪水平修正电路原理图

位计和平衡校正电位计组成一个电桥,纬度修正电位计给出地球自转误差信号,平衡校正电位计给出常值漂移误差补偿信号。力矩电机根据电桥的控制信号产生相应的方位修正力矩作用在内环上,使陀螺仪进动,从而提高了航向陀螺仪方位误差精度。

陀螺半罗盘没有自动对北的功能,如果使用前将自转轴调整到起始点真经线的方向,在使用过程中,水平修正器经常使自转轴保持水平,方位修正器经常使自转轴以适当的角速度在方位上进动,则半罗盘的自转轴始终稳定在飞机所在的经线方向上,航向指标线指示的航向是真航向。如果将上述真经线换成磁经线,则陀螺半罗盘指示的便是磁航向。

(2) 陀螺半罗盘的误差

陀螺半罗盘存在的误差主要是自走误差。自走误差是陀螺自转轴相对地球经线运动而产生的误差,主要包括纬度误差、速度误差和机械误差。

纬度误差是由于半罗盘在测量航向时,用于对自转轴进行方位修正的角速度与飞机所在位置的纬度变化率不一致而引起的。

速度误差是在陀螺半罗盘测量真航向(磁航向)时,仪表没有对飞机相对地球运动所引起的自传轴方位偏离进行修正而产生的误差。速度误差的大小与飞机速度等因素有关,飞行速度越大,误差越大。

机械误差是指陀螺静平衡不好(重心与支点不重合),轴承摩擦等机械原因而引起自转轴进动,偏离经线而产生的误差。

为了减小陀螺半罗盘自走误差的影响,需要定时校正。即飞行过程中需要飞行员每隔一段时间(15～30 min),参照磁罗盘对陀螺半罗盘进行校正。飞行中校正时,飞机应处在平稳大气的稳定直线水平状态进行,这样可以保证磁罗盘的指示正确。

综上所述,陀螺半罗盘使用起来很不方便,所以现在已逐渐被陀螺磁罗盘所取代。

2. 气动方位陀螺

图 4.69 所示为抽气方位陀螺结构示意图。陀螺转子置于垂直平面中,转子轴处于水平位置。当飞机的喷气或抽气装置将气流导致陀螺转子周边的槽斗上时,转子以 18 000 r/min 的转速旋转;两股平行的气流作用于转子的中部,用于修正转子的进动。当陀螺转子轴偏离基准方位时,其修正转子的进动力将使其返回原基准位置。另外,陀螺上置有调整旋钮,使调整旋钮用该旋钮,可将陀螺的刻度盘调整至期望的显示方位。

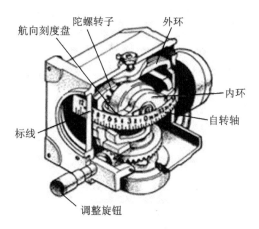

图 4.69　抽气驱动的方位陀螺结构图

气动方位陀螺仪同电动方向陀螺仪一样,都是依靠二自由度陀螺仪转子轴相对惯性空间的稳定性测量飞机的航向角度,并经过校正,指示飞机的航向。

4.3.3　陀螺磁罗盘

飞机上所用的磁罗盘能独立测量飞机的航向,但误差大,稳定性也差;陀螺半罗盘稳定性好,但不能独立测量飞机航向。如果将二者结合起来,就制成了一种既能独立测量航向,又具有良好稳定性和较高灵敏度的航向仪表,即为陀螺磁罗盘。陀螺磁罗盘是飞机上广泛应用的一种仪表。图 4.70 给出了几种陀螺磁罗盘的表面。

陀螺磁罗盘原理结构图如图 4.71 所示。

陀螺磁罗盘的结构形式多种多样,但从结构上讲主要由以下几部分组成:

磁传感器:其为陀螺磁罗盘的地磁敏感部分,用来测量飞机的磁航向,并输出磁航向信号。磁传感器有两种,一种是永磁式磁传感器,一种是感应式磁传感器。永磁式磁传感器利用磁棒来感应地磁,测量精度较低且体积较大;感应式磁传感器则利用地磁感应元件来感测地磁,应用较多。磁传感器一般安装在飞机翼尖等飞机磁场影响较小的地方。

陀螺机构:陀螺机构用来稳定磁传感器测出的磁航向信号。陀螺机构相当于一个陀螺半罗盘(航向陀螺仪),所不同的是其受到磁传感器的控制。同时磁传感器又

(a) 采用无线电磁指示器　　　(b) 采用带磁差修正指示器　　　(c) 采用带预选航向指示器
　　的陀螺磁罗盘　　　　　　　　的陀螺磁罗盘　　　　　　　　　的陀螺磁罗盘

图 4.70　陀螺磁罗盘的几种指示器盘面

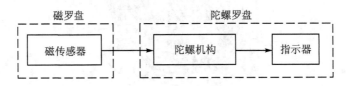

图 4.71　陀螺磁罗盘原理结构图

通过陀螺机构输出稳定的航向信号给航向指示器。

航向指示器:用来指示磁航向和转弯角度。现代飞机多采用综合指示器,不仅能指示磁航向,还可以指示无线电方位角等。

放大器:用来放大陀螺磁罗盘中的电信号,以控制伺服同步装置。

图 4.72 为一种陀螺磁罗盘的工作原理图。下面以此陀螺磁罗盘为例介绍其工作原理。

磁传感器包括地磁感应元件和电位计。地磁感应元件用来测量磁航向,磁电位计用来复现磁航向信息。磁电位计由环形电阻和一对电刷组成。环形电阻上有三个互隔 120°的固定抽头,分别与指示器和陀螺电位计的三个电刷连接,磁电位计的磁航向由电阻与电刷之间的相对位置确定。

陀螺机构为一航向陀螺仪,其外环轴上固定一个环形电阻,该环形电阻与三个电刷组成陀螺电位计,环形电阻直径两端处接有电源。

陀螺电位器的三个抽头分别与磁传感器中环形电阻相隔 120°的三个固定抽头相连接,组成一个伺服同步装置。当磁电位器所反映的磁航向角与陀螺电位器反映的航向基准不一致、出现失调角、产生失调电压时,磁电位器一对电刷的 a、b 端就会输出失调电压,该失调电压经放大器放大后,驱动协调电机经减速器带动陀螺电位器上的电刷转动,直至失调电压为零。这意味着陀螺电位器的航向基准与磁电位器的磁航向同步。

由图 4.72 可以看出,陀螺电位器还与指示器组成一个伺服同步装置。指示器中

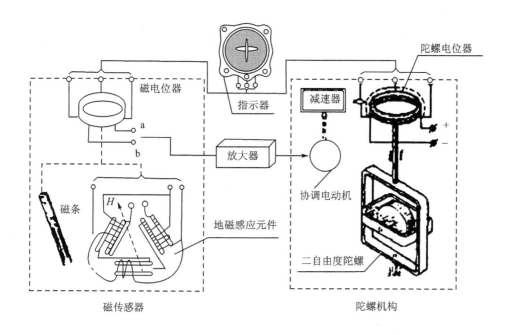

图 4.72 陀螺磁罗盘的基本工作原理

有伺服电动机、减速器、伺服电位器(图中为示出)。陀螺电位器在建立磁航向的过程中,通过伺服同步装置的工作,将磁航向信号输送给指示器。指示器的伺服电动机工作,通过减速器转动航向刻度盘,将磁航向基准在刻度盘上反映出来。此时刻度盘上的航向基准线(即 0—180 线)与指示器上代表飞机纵轴的指标的夹角,即为该罗盘所测飞机的磁航向。罗盘指示的航向取决于陀螺机构的陀螺电位器所确定的航向。通常指示器上有磁差修正的机械调整装置,将磁差修正值加到磁航向中,指示器则指示真航向。

　　陀螺磁罗盘既能测量飞机航向,又可比较准确地指示出飞机的转弯角度。平飞时,利用磁传感器测量飞机的磁航向,然后通过陀螺机构控制指示器的指针,使它指示出飞机的磁航向。飞机转弯时,为防止磁传感器对磁航向的错误修正,监视飞机的偏航速率,经角速度传感器切除修正信号后,使飞机在改变航向时,航向基准完全由航向陀螺仪来稳定,指示出飞机的转弯角度。

4.3.4 罗盘系统

　　飞机航向的测量除了磁罗盘、陀螺半罗盘和陀螺磁罗盘以外,还有无线电罗盘和其他导航设备,有的飞机上还安装了天文罗盘。由于不同的飞行方式、不同的地区需要使用不同的罗盘,所以这些分立式罗盘仪表占据着驾驶舱仪表板的重要位置,但又不便于飞行员判读。为此,人们将这些罗盘仪表的指示器综合组装在一起,即成为一表多用的综合罗盘。

由两种或两种以上工作原理不同的罗盘所组成的测量飞机航向的系统称为航向系统或罗盘系统。通常由仪表罗盘,即陀螺磁罗盘和陀螺半罗盘,与无线电罗盘综合而成的系统称为罗盘系统,如果再综合其他的导航设备,如天文罗盘,便称其为航向系统,如图 4.73 所示。

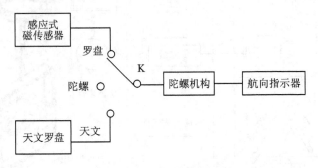

图 4.73 罗盘系统原理方框图

这两种罗盘系统的工作方式取决于开关 K 的位置。当开关 K 置于"罗盘"位置时,系统处于陀螺磁罗盘工作方式,航向指示器指示真航向或大圆圈航向;当开关 K 置于"陀螺"位置时,系统处于陀螺半罗盘工作方式,航向指示器指示出陀螺航向。

实际应用中,罗盘系统不仅为仪表指示器提供航向信号,还为飞机上自动驾驶仪等需要航向信号的机载设备提供信息。为保证飞行安全,每架飞机上配备两套罗盘系统。

复习题

1. 说明二自由度陀螺仪的基本概念和功用。

2. 叙述二自由度陀螺仪的定轴性和表观误差。

3. 阐述二自由度陀螺仪进动性的基本概念。

4. 叙述二自由度陀螺仪进动方向的判别方法。

5. 说明单自由度陀螺仪的概念、功用和基本特性。

6. 叙述框架式单自由度陀螺仪的组成、结构及基本工作原理。

7. 了解速率陀螺仪测量绕三个机体轴转动角速度的安装方式。

8. 了解挠性陀螺仪的基本结构和工作原理。

9. 叙述激光陀螺测量飞机(物体)转动角速度的基本原理。

10. 叙述航空地平仪的功用和基本组成。

11. 阐述航空地平仪的安装方式,并说明为什么这样安装?

12. 叙述航空地平仪的修正装置的组成和基本修正原理。

13. 说明航空地平仪的测量原理和指示姿态角的原理。

14. 如何判断迎角误差和加速度误差?

15. 说明航空地平仪使用中应注意的问题并说明为什么?

16. 叙述转弯仪的基本组成和工作原理。

17. 说明侧滑仪指示侧滑的基本原理。

18. 当飞机左转弯并有外侧滑时,说明转弯侧滑仪的测量和指示的原理。

19. 当飞机左转弯时侧滑仪中小球偏在右边说明什么问题,为什么?

20. 分析磁罗盘的工作原理和使用误差。

21. 说明磁罗盘的误差和和消除方法。

22. 叙述航向陀螺仪的功用、基本组成和工作原理。

23. 航向陀螺仪为什么称为陀螺半罗盘? 阐述陀螺半罗盘的误差和调整方法。

24. 叙述陀螺磁罗盘的结构组成及工作原理。

25. 说明陀螺磁罗盘的使用方法。

第 **5** 章

驾驶舱电子综合显示系统与设备

　　驾驶舱电子综合显示系统，即电子仪表系统 EIS（Electronic Instrument System），采用电子综合显示的方式取代传统的机械式仪表指示，借助于计算机技术，通过控制板可直接选择所需要的信息，且给出的信息准确、可靠、清晰、形象、直观和容易判读，符合人机工效学的要求，所以在飞机上得到了广泛的应用。

　　本章主要介绍驾驶舱电子显示系统的基本原理、组成和特点，并介绍现代飞机上所用的电子综合显示仪表，最后介绍飞行参数记录系统。

5.1　概　述

　　飞机上的机械和电气式仪表、机电伺服仪表和综合指引仪表均属于机电式仪表。这类仪表显示器，利用显示部件间的相对运动来显示被测参数的数值，如指针—刻度盘、指标—刻度带、标记、图形显示、机械式计数器等。这种显示器的特点是结构相对简单、显示清晰；指针—刻度盘和指标—刻度带的显示能反映指示器的变化趋势。但这类显示器具有部件间存在摩擦，影响显示精度，寿命短，易受振动、冲击的影响；指示器信息量小，驾驶舱显示需要的许多功能无法实现，利用率低；由于这类仪表占据仪表板的固定空间指示器指示信息的格式是不变的，因此灵活性差，且指示器具有在低亮度环境中需要照明，不易综合显示等缺点。

　　随着飞机任务能力要求的提高和机载设备的日趋增加，飞行员所需信息量的不断增大，在航空电子技术飞速发展的今天，机电仪表正逐渐为电子显示仪表所取代。

　　电子显示器主要指阴极射线管作为显示器的电子光调制发光显示器。这类显示器的突出特点是字符发生器可以根据控制指令产生字符，改变显示格式，由此可以根据需要在不同的时间灵活地选择显示格式和内容，显示形式灵活。如可以显示仪表的表盘、指针、刻度、字母、符号等；还可借助于各种专用字符，动态地显示航线、航点、目标及其运动轨迹等，多样综合地显示各种信息。

发光二极管和液晶显示器等平板显示器的迅速崛起并逐步在飞机上得到了应用。由此,电子显示仪表的出现和使用,使驾驶舱显示仪表发生了变革性的变化,飞机开始向玻璃驾驶舱时代迈进。

如今,驾驶舱从传统的驾驶舱发展到玻璃驾驶舱,目前已发展到第三代玻璃驾驶舱。

1. 第一代玻璃驾驶舱显示系统

第一代玻璃驾驶舱显示控制系统大量采用多个阴极射线管显示器,用以显示空速及高度等主飞行信息。系统中还采用专门的地图显示器,并与飞行管理系统相交联,飞行员可以从地图显示器上看到飞机计划航迹以及相关的航路点等信息,而这些信息预先规划并存储在计算机里。系统引进了综合告警系统,在中央 CRT 显示器上显示发动机状态、燃油等信息。采用这类玻璃驾驶舱的典型飞机有 B757/767、A320 及 MD88 等。

自 20 世纪 80 年代以来,B757/767、A310 干线客机首次使用了由 6 个大型荫罩式彩色阴极射线管显示器构成的电子飞行仪表系统(EFIS)和发动机指示与机组告警系统(EICAS),使新一代民航机进入了综合电子显示系统时代。即将驾驶舱中的飞行参数显示在阴极射线显示器上,实现了民航机显示仪表的全面电子化,标志着"玻璃驾驶舱"时代的到来。

2. 第二代玻璃驾驶舱显示系统

20 世纪 80 年代后期,液晶显示技术日趋成熟,这类显示器重量轻,阳光下显示清晰,亮度可调,具有良好的分辨率,响应快,同时具有良好的色彩和功耗低等。波音公司于 1995 年交付的 B777 飞机上,便率先采用了彩色有源矩阵液晶显示器。实践证明,这类显示器与阴极射线管显示器相比,体积、质量和功耗减少了 50% 以上,可靠性成倍提高,且阳光下可读,维修性大为改善,能很好地适应机载使用环境。因此有源矩阵液晶显示器便逐步取代了阴极射线显示器,并很快占据了主导地位,所有主飞行信息综合显示均布置在驾驶舱主仪表板的显示器上,驾驶员可以通过菜单、手动控制等不同方式来访问与管理信息,大大提高了飞行员的人机功效。采用第二代玻璃驾驶舱的还有 B747 - 400、A320 /330/340、MD11 等飞机。

3. 第三代玻璃驾驶舱显示系统

这类驾驶舱中,巨大的显示界面可以综合显示更多的信息,如机场地图采用了合成视景系统,可以区别出机场跑道,还可以利用机载雷达和应答机来确定地面的交通情况,引导飞机着陆。其中,平视显示器可以增强飞行员的态势感知能力,增强在气候能见度很低的情况下飞机起降能力。系统通过高分辨率多功能显示器综合光标控制装置及周边功能按键和控制显示单元对航空电子各分系统进行管理。第三代玻璃驾驶舱包括 B787、A380 等飞机驾驶舱,代表了未来驾驶舱人机接口的重要变化。

由于电子显示器容易实现综合显示,故又称为电子综合显示器。目前在现代飞机上,电子综合显示系统已获得了广泛的应用。

5.2 电子综合显示系统

电子综合显示系统主要由电子飞行仪表系统(EFIS)和发动机指示与机组告警系统(EICAS),或电子中央监控系统(ECAM)组成。如图 5.1 所示,在驾驶舱仪表板上共有 6 个主要显示组件,包括电子飞行显示器(PDF)和两个导航显示器(ND),还有两个 EICAS 或 ECAM 显示器。

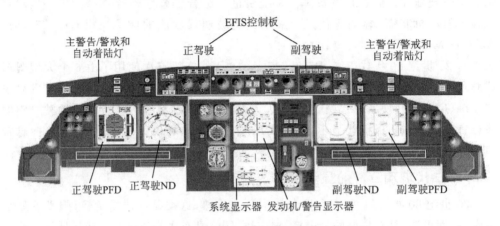

图 5.1　A320 客机电子仪表系统驾驶舱仪表板

飞机上的电子综合显示系统的构成和原理基本是一样的。图 5.2 所示为 A320 客机的电子综合显示系统组成框图,下面以此系统为例,阐述电子飞行仪表系统的组成与基本原理。

由图可见,电子飞行仪表系统由两个独立的系统组成。每套系统主要由显示器、计算机、控制板、系统转换板等组成,正、副驾驶员各一套系统。上述 6 个主要的显示器中的两个主飞行显示器(PFD)和两个导航显示器(ND)分别置于两个系统中。

电子显示系统的 6 个大型彩色阴极射线管显示器代替了全部常规仪表。这 6 个显示器分别由 3 台显示管理计算机(DMC)控制。每台显示管理计算机包含电子飞行仪表系统显示管理和电子中央飞行监视系统显示管理两部分。正常情况下,DMC1 显示管理计算机控制正驾驶员的主飞行显示器和导航显示器,DMC2 显示管理计算机控制副驾驶员的主飞行显示器和导航显示器,DMC3 显示管理计算机控制发动机指示与机组告警显示器。同时,每台显示管理计算机又是另外两台的备份,可控制其余的 4 个显示器。当出现故障时,驾驶员可以通过选择开关进行转换,使电子仪表系统的余度增加。驾驶员可通过相应的控制面板来进行显示器相互间的切换与显示。

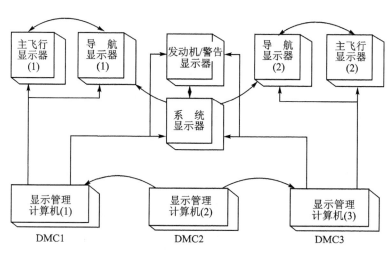

图 5.2　A320 客机电子综合显示系统组成框图

5.2.1　电子飞行仪表系统

　　电子飞行仪表系统,即 EFIS,由彩色的电子显示器、显示处理机和控制器构成。早期出现的电子显示器是电子姿态指引仪,有的飞机上称为电子姿态指引指示器(Electronic Attitude Director Indicator,缩写为 EADI)和电子水平状态指示器(Horizontal Situation Indicator,缩写为 EHSI)。

　　EADI 又称为垂直情况指示器(VSD);EHSI 称为水平状态指示器。为了适应驾驶员的习惯,EADI 的显示格式与综合指引地平仪类同,而 EHSI 的显示格式则与航道罗盘类同。随着无线电导航、自主导航、仪表着陆、飞行管理系统等和电子显示技术的发展,电子指引显示器和电子水平状态指示器显示的参数更多,显示形式也更加形象和规范,显示也更加灵活。这类电子水平状态指示器可显示航线、航点、目标运动轨迹及系统状态等画面和页面。20 世纪 80 年代中期,民航干线客机,如波音 757、波音 747－400 和 A320 的电子飞行仪表开始采用 6.25 in×6.25 in(约 16 cm×16 cm)和 7.25 in×7.25 in(约 18 cm×18 cm)的大尺寸显示器,如图 5.3 和图 5.4 所示。

　　如今的 EFIS 完全取代了独立的机电式地平仪、航道罗盘、高度表和马赫空速表等机电仪表,为飞行员对飞机的操纵提供了重要的信息。EFIS 可显示如下信息:

　　① 主要的飞行状态、飞行姿态和航向等参数。如飞行高度、速度、俯仰等信息,还有自动驾驶仪(A/P)和自动油门(A/T)的衔接状态及工作方式等。

　　② 主要的导航信息,包括各种导航参数的显示和飞行计划等信息。

　　③ 系统的故障信息,以及重要的告警信息等。

　　EFIS 可视为航空电子系统的主要人机交互界面,驾驶员通过其显示的信息,可实时地监控飞机系统的工作状态。机务人员利用电子飞行仪表,可进行故障的分析

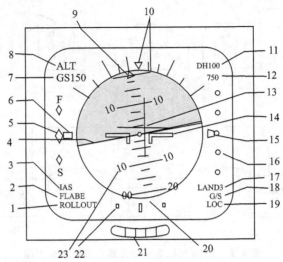

1—倾斜以准备状态；2—俯仰以准备状态；3—自动油门工作状态；

4—地平线；5—速度误差刻度；6—速度误差指针；7—地速；8—高度警告；

9—倾斜角指针；10—倾斜角刻度；11—着陆提示高度；12—无线电高度；

13—飞行指引指针；14—飞机(符号)；15—下滑道偏差指针；16—下滑道偏差刻度；

17—自动着陆状态；18—图样通道接通工作状态；19—倾斜通道接通工作状态；

20—侧向偏差指针；21—侧滑仪；22—侧向偏差刻度；23—俯仰角刻度

图 5.3　电子指引地平仪主要显示画面

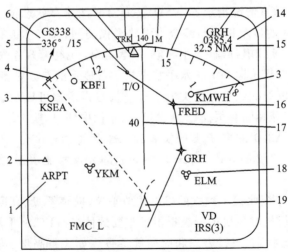

1—机场、路标、电台选择指示；2—地面参考点；3—伏尔导航台；

4—选择航向信息；5—风速风向；6—地速；7—机场；8—航向指标；9—真航向标记；

10—航向读数；11—磁航向标记；12—航向刻度盘；13—有效路标；14—路标高度；

15—到路标距离；16—路标；17—距离刻度；18—伏尔塔康导航台；19—飞机所在地面位置

图 5.4 电子航道罗盘领航图显示画面

并完成故障的隔离。

5.2.2　发动机指示与机组告警系统

发动机指示与机组告警系统(EICAS)显示器,取代了发动机、燃油系统和液压系统等传统的机电仪表,可以数据页面等形式显示发动机等参数,并可提供不同等级的故障告警信息。

EICAS 的应用可大大减轻驾驶员的工作负担,并提高了指示的可靠性。不同型号的飞机,EICAS 系统的组成略有不同,主要区别在于系统的构型、显示器的种类、显示控制方法及格式的差异,但功能一样。EICAS 一般由中央警告计算机、显示组件、控制面板和警告提醒部件(警告灯和印象警告部件)组成,如图 5.5 所示为 EICAS 系统的组成结构图。

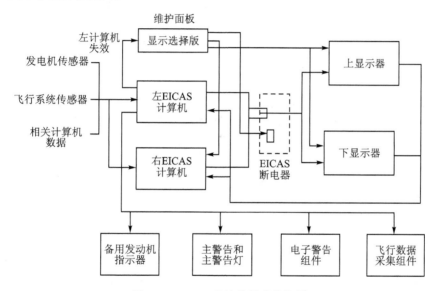

图 5.5　EICAS 系统的组成结构图

典型的 EICAS 系统由 2 台 EICAS 计算机、2 台 EICAS 显示器(可采用阴极射线管或液晶显示)、两块控制面板(显示选择和维护面板)和 1 套 EICAS 控制器等组成。系统正常工作时,由左 EICAS 输出信号驱动两个显示器,右 EICAS 计算机处于备份状态,当左 EICAS 计算机故障失效时,系统自动切换为右 EICAS 驱动显示。

1. EICAS 计算机

EICAS 兼有告警功能及众多的机载设备的工作状态信息,例如大气数据计算系统、飞行控制系统、近地警告系统等的"有效"信号都输送至 EICAS 计算机。其中一台 EICAS 计算机作为备份,当处于工作的 EICAS 计算机出现故障时,通过控制器切换,代替有故障的 EICAS 计算机工作。

2. 显示组件

EICAS 显示器分为上、下两个工作区域。飞机飞行前,当电源接通时,全部发动机参数会自动出现。这时,如图 5.6 所示,EICAS 显示器上部区域显示发动机主要参数,如发动机的低压转子转数(N1)、压力比(EPR)、排气温度(EGT)、大气总温(TAT)等,并采用红色和橙色文字对超限值给予故障显示。EICAS 显示器下部区域指示发动机的其他参数,如发动机转子速度(N2)、滑油温度、压力和流量等参数。当一台显示器出现故障时,EICAS 的显示功能便转移到可正常工作的显示器上。

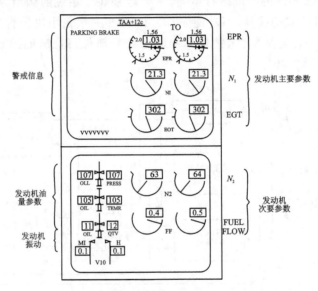

图 5.6 电源接通时发动机参数的自动显示

飞机起飞前,当按压显示器选择板上的"状态"电门时,上显示器仍显示主要的发动机参数,下显示器则变为状态页,显示状态信息。当按压显示器选择板上的"发动机"电门,监控发动机的启动时,则又返回上部区域显示发动机主要参数,下部区域显示发动机次要参数的状态。

飞机正常飞行中,EICAS 上显示器显示主要发动机参数和警告信息,下显示器则设计成空白。

正常工作中,主要参数显示在上显示器的右半部分,而且都具有实际值、目标值和指令值指示,且模拟指针指示和数字读出并用,这些主要参数会被全程监控。

上显示器的左半部分为警告信息区,如图 5.7 所示。警告信息按照基本、高、低依次显示。具体的有红色的 A 级警告信息、琥珀色的 B 级警戒信息和琥珀色的 C 级注意信息。有些 EICAS 信息区还包括备忘信息和其他信息。

当出现新的状态信息而不显示状态页时,将在上显示器显示状态提示符,而当选择了状态页后,提示符则消失。

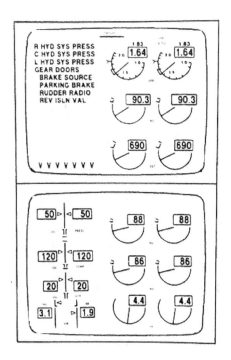

图 5.7　EICAS 的显示

机组警告信息用于机组人员飞行过程中的警示。按需要采取措施的紧迫程度可分为警告(A 级)、告诫(B 级)和注意(C 级)三个等级,并显示在上显示器上。

A 级警告信息:文字为红色的警告信息,并伴有连续强烈的音响,要求机组人员立即采取措施。

B 级告诫信息:伴有琥珀色的主告诫灯亮,并伴有柔和断续的音响,要求机组人员尽快采取措施。

C 级注意信息:为琥珀色注意信息,仅有信息显示,没有灯光和声响警告,机组人员可以在适当的时候采取措施。

3. 控制面板

EICAS 控制面板(显示选择板)为计算机提供所有控制功能,不同的 EICAS 构型,面板的功能有所不同。但一般的包括显示格式的选择、计算机选择、推力基准调整控制、人工记录控制等功能。

5.2.3　电子综合显示系统的基本原理

电子综合显示仪的方框图如图 5.8 所示。

电子综合显示仪所需的原始信息均来自飞机上其他机载设备,如大气数据计算机、惯性导航系统、雷达、航空火力控制系统等。原始信息经接口进行模/数转换之

图 5.8　电子综合显示仪的方框图

后,进入显示处理机,由处理机进行处理并产生字符—图形发生器所需要的信息,再由字符—图形发生器产生驱动电子显示器件所需的信息,最后由电子显示器件在屏幕上显示所需的画面。以计算机为核心的电子综合显示仪实际上是一个机载计算机的终端数据图形显示设备,通过软件可以实现显示信息的组合与搭配,将不同飞行阶段驾驶员所需观察的一组信息,同时显示在电子显示器件的屏幕上。

5.2.4　电子中央飞机监控系统

现代空客民机上,大都装有电子中央飞机监控系统(ECAM 系统),其功能与 EI-CAS 系统相似,主要用于监控发动机参数及飞机系统的警告指示。ECAM 与 EI-CAS 的主要区别在于显示能力和显示格式的不同。ECAM 显示的信息可分为 3 个级别,飞行机组依次可了解各种警告的严重程度。

ECAM 系统的组成原理见图 5.9 所示。

ECAM 系统由 2 个相同的显示器(CRT 或 LCD)、3 个功能相同的显示管理计算机(DMC)、2 个系统数据集获器(SDAC)、2 个功能相同的飞行警告计算机(FWC)、一个 ECAM 控制面板、目视音响警告部件和 ECAM 转化面板等组成。

由飞机传感器和计算机输入的数据通过接口输送给显示管理计算机,同时,显示管理计算机还接收来自两个系统数据集获器的飞机系统参数和来自飞行警告计算机的备忘信息,这些信息经处理后送到显示器显示。正常时,DMC1 负责机长前方的 EFIS 和 ECAM 显示,DMC2 负责副驾驶前方的 EFIS 和 ECAM 显示,DMC3 作为备份。

仪表板上的显示器用来显示 ECAM 信息,分别称为发动机警告显示器(E/WD)和系统或状态显示器,用来显示发动机和燃油参数、检查单和警告信息、襟翼/缝翼的位置和各系统概况、状态信息以及一些固定参数。

显示管理计算机(DMC),用于处理系统数据集获器(SDAC)的输入数据,产生飞机系统信息并予以显示。3 个 DMC 可互换。

系统数据集获器(SDAC)共有 2 个,功能相同,且可互换。SDAC 接收飞机系统

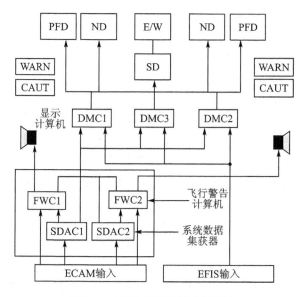

图 5.9　ECAM 系统组成原理图

的数据,数字化后输送给 DMC,同时将对应于琥珀色警告信号的数据进行集中处理,数字化后输送给飞行警告计算机。

飞行告警计算机(FWC),共有两台,功能相同,可互换。FWC 是 ECAM 的核心部分,用于监控飞机系统和计算飞行阶段,直接从飞机系统计算机采集对应于红色告警的数据和来自两个 SDAC 的琥珀色的告警数据,并对这些数据进行计算、处理、生成相应的告警信息显示在发动机参数/告警信息显示器(E/WD)上,并控制相应的告警灯和音响以产生告警。

系统显示器(SD)分为两个区域,上部区域显示系统页面或状态页面;下部区域用于显示永久性数据。SD 可显示 13 个系统页面、1 个状态页面和巡航页面。系统或状态页面在相应的系统发生故障或失效后会自动显示,在按下 ECAM 控制面板上的系统状态按钮时也可人工显示。巡航页面用于显示飞行中要监控的主要系统参数,只能在飞行中自动显示。

ECAM 控制面板提供 ECAM 的控制。ECAM 控制面板上有显示亮度调节旋钮、起飞构型检查按钮、紧急取消按键、状态页和系统页选择键、取消或调出告警信息(红色告警除外)电门等。

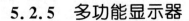

5.2.5 多功能显示器

多功能显示器(MFD),又称为多功能下视显示器(MHDD),是在电子飞行仪表出现不久问世的。自 20 世纪 70 年代起,多功能显示器便取代了功能单一的雷达显示器、红外探测显示器和监视器等,并在 F-15、F-16 和 F/A-18 等各种战斗机和攻击机上获得了广泛的应用。

多功能显示器的工作原理与电子飞行显示器相同,但是显示功能更强,除了显示姿态显示器和水平情况指示器的画面之外,还可显示数字地图、雷达、电光探测视频和系统状态等信息,成为了航空电子系统主要人机接口之一。

多功能显示器的字符发生器和视频处理电路通常置于显示控制计算机或任务管理计算机内,也有的是作为一个单独的外场可更换组件(LRU)来使用。驾驶舱多功能显示器可分为电子束显示、平板显示和光学投影显示。

电子束显示主要指阴极射线管(CRT),采用适当的控制电路控制真空管内的电子束,使其在荧光屏上扫描荧光粉发光因此显示图像或者文字。

平板显示是指采用平板结构且厚度比较小的显示器件。这类显示器包括液晶显示器、电子发光显示器等,目前在民用飞机以及新型战机的座舱中,这类显示器已取代了阴极射线管显示,逐渐成为了主流产品。

光学投影显示器采用图像源信息控制光源,光学系统将小面积的图像投射到荧屏而实现显示。这种显示器在美国军机 F-18 和 F-35 的座舱获得了应用,也将是未来大型客机驾驶舱显示的发展趋势。

5.3 现代民机上的电子综合显示系统

本节将以空客 A320、A340、A380 以及波音 B737NG 系列、B777、波音 787 飞机上的电子综合显示系统为例,介绍电子仪表系统的组成、原理及应用。

5.3.1 A320 和 A340 客机的电子综合显示系统

如前所述,电子综合显示系统作为电子仪表系统可分为两部分,一部分是电子飞行仪表系统,另一部分是发动机指示与机组告警系统。

电子飞行仪表系统,即 EFIS,主要包括主飞行显示器 PFD(Primary Flight Display)和导航显示器 ND(Navigation Display)。有的飞机上称为电子姿态指引指示器(Electronic Attitude Director Indicator,缩写为 EADI)和电子水平状态指示器(Horizontal Situation Indicator,缩写为 EHSI)。电子中央飞机监控系统主要包括发动机与警告显示器 E/WD(Engine and Warning Display)和飞机系统显示器 SD(System Disply)。

A340 客机驾驶舱中,电子仪表系统的布局如图 5.10 所示。左、右仪表板上分别装有主飞行显示器 PFD 和导航显示器 ND 各一块，以供正、副驾驶员使用。仪表板正中上面的一个阴极射线管显示器是发动机指示和机组告警系统 E/WD，正中下面的一个阴极射线管显示器是系统显示器 SD。仪表板上还装有高度表、空速表、陀螺地平仪和航向指示器做应急备份仪表使用。

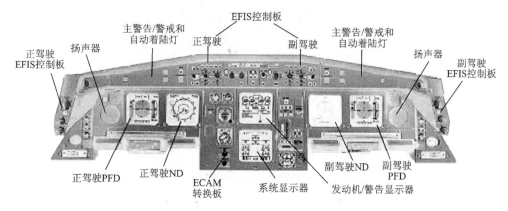

图 5.10　A340 客机电子仪表系统驾驶舱布局

本节主要介绍电子飞行仪表系统。

A320 客机的座舱仪表板与 A340 客机的座舱仪表板的布局基本相似。A320 电子仪表系统标志着民航机电子显示进入了第二代，下面以 A320 和 A340 飞机上的电子综合显示系统为例，介绍电子仪表系统应用。

电子飞行仪表系统由两个独立的系统组成。每套系统主要由显示器、计算机、控制板、系统转换板等组成，正、副驾驶员各一套系统。

1. 主飞行显示器 PFD

电子仪表系统的主飞行显示仪表又称为飞行参数综合显示仪，可显示姿态指引信息、航向信息和高度、速度信息。图 5.11 和图 5.12 分别为 A320 和 A340 主飞行显示仪显示画面。

A340 主飞行显示仪 PFD 的主要功能是显示飞机的姿态和姿态指引，同时还可显示一些辅助信息。

PFD 的左边为速度带，速度来自大气数据计算机。在速度带上指针不动，速度带滚动。速度带上除显示飞机的空速外，还可显示起飞时的速度、指令速度、最小机动速度、抖杆速度、最大速度、襟翼标牌限制速度，起落架放下时的最大空速和着陆时的基准速度等。

PFD 的上方为飞行方式通告牌，用以通告自动油门 AT 及自动驾驶飞行指引仪系统的飞行方式。

PFD 的右边为飞机的气压高度和垂直速度带。

PFD 的下方为飞机的航向刻度。

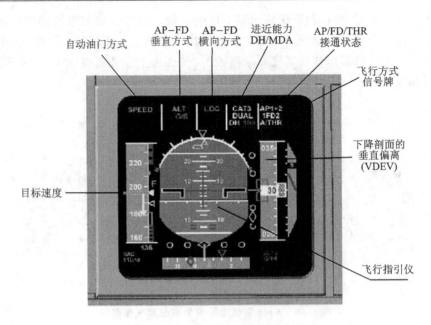

图 5.11　A320 主飞行显示仪的显示画面

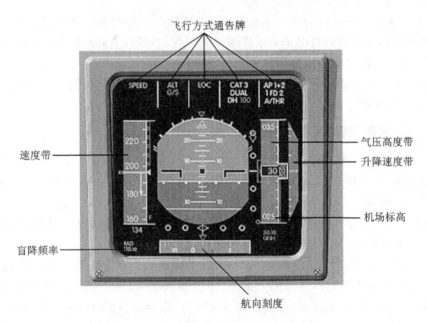

图 5.12　A340 主飞行显示仪的显示画面

　　另外,进近时,在姿态显示区的下面和右面还将显示 LOC 和 GS 偏离,在速度带的下面显示盲降频率和 DME 信息。

2. 导航显示器 ND

导航显示器又称为水平状态显示器(Horizontal Situation Indicator,缩写为HSI)、导航参数综合显示仪(Navigation Parameter Integrated Display,缩写为NPID),是主要的导航显示仪,显示导航制导信息。

导航显示器可显示6种工作状态,依次是:ROSE NAV(全罗盘导航)、ROSE VOR(全罗盘 VOR)、ROSE ILS(全罗盘 ILS)、ARC(弧形)、PLAN(计划)和 ENG(发动机备用)。

导航显示器上的显示状态由 EFIS 控制板上的方式选择旋钮选择。

图 5.13 所示为 A340 导航显示器的全罗盘导航状态显示画面。

导航显示器在 ROSE VOR(全罗盘 VOR)状态的显示类似于传统的水平状态指示器 HIS 上的显示,但增加了地速、预选航道、风、气象雷达回波等附加信息。

ROSE ILS(全罗盘 ILS)状态,显示画面是在基本的 ROSE VOR 格式上增加了仪表着陆系统(ILS)数据。

ROSE NAV(全罗盘导航)状态,显示画面是在 ROSE VOR 显示画面上增加了飞行计划和相关航路点的显示,如图 5.13 所示。

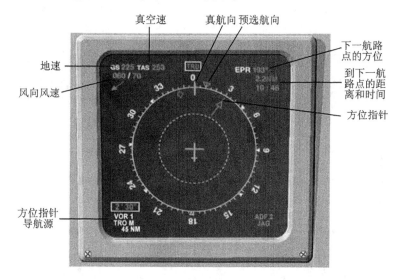

图 5.13　A340 导航显示器的全罗盘导航状态显示

在 ARC(弧形)画面上,显示的是飞机前方 90°范围的一个扇形区内的信息。

PLAN(计划)画面仅显示以真北为基准的飞行计划。在该位置,航道指针、气象雷达信息和刻度盘不显示。

ENG(发动机备用)方式,画面上显示发动机的主要参数,与 E/WD 上显示的参数相同,显示信息由 DMC 的 EFIS 部分提供。作为 ECAM 显示管理计算机完全失效时的备用方式。

5.3.2 A380 客机的电子综合显示系统

A380 飞机的驾驶舱如图 5.14 所示。

图 5.14 A380 驾驶舱

A380 飞机的电子仪表显示系统和 A320 一样,也是由电子飞行仪表系统(EFIS)和电子中央监控系统(ECAM)组成的,驾驶舱仪表板布局如图 5.15 所示。

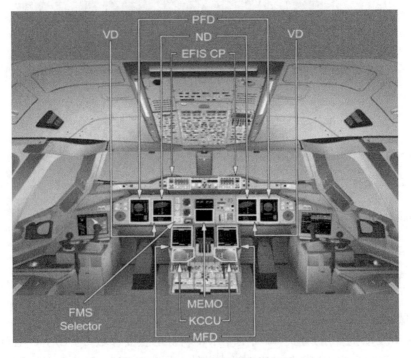

图 5.15 A380 驾驶舱仪表板布局

A380 飞机仪表板上的电子仪表显示系统包括 8 台显示单元,即 2 台主飞行显示器(PFD)、2 台导航显示器(ND)、1 台发动机/机组告警显示器(E/WD)、1 台系统显示器(SD)和 2 台多功能显示器(MFD)。这 8 台显示器均采用 6 in×8 in 的 LCD 显示屏,而且所有显示器均可互换。

1. 电子飞行仪表系统

(1) 主飞行显示器 PFD

两台主飞行显示器 PFD 分别置于正、副驾驶的前方,PFD 的显示画面如图 5.16 所示。

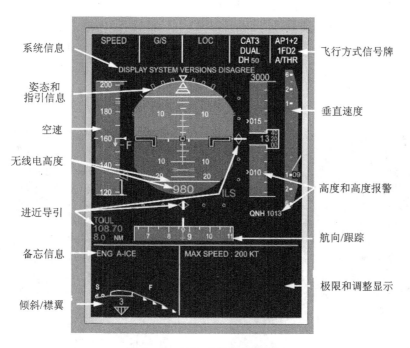

图 5.16　A380 主飞行显示器

每台 PFD 分为上下两部分,上部显示姿态、空速/马赫数、高度/垂直速度、航向、自动飞行系统(AFS)状态、仪表着陆系统(ILS)偏差/指点标和无线电高度;下部显示备忘录和警戒信息(参照 ECAM)及前缘缝翼/襟翼/配平机构位置。

PFD 上部分,上方为飞行方式通告牌,用以通告自动油门 AT 及自动驾驶飞行指引仪系统的飞行方式。中间显示飞机的姿态和姿态指引信息以及无线电高度信息,如图 5.16 所示。左边为速度带,速度来自大气数据计算机。在速度带上,指针不动,速度带滚动。速度带上主要显示飞机的空速等内容;此外,还可显示起飞时的速度、指令速度、最小机动速度、抖杆速度、最大速度、襟翼标牌限制速度、起落架放下时的最大空速和着陆时的基准速度等。右边为飞机的气压高度和垂直速度带。下方为飞机的航向刻度,显示飞机的航向及跟踪情况。

另外,进近时,在姿态显示区的下面和右面还将显示 LOC 和 GS 偏离,在速度带的下面显示盲降频率和 DME 信息。

(2) 导航显示器 ND

ND 可以根据飞行计划和导航数据库数据(包括航路点,NAVAIDS 和机场)来向飞行机组提供飞机导航状态的信息。

导航显示器 ND 也分为上下两部分,如图 5.17 所示。上半部分可显示气象雷达、地形信息或空中交通咨询及防撞系统(TCAS)信息等。导航显示器 ND 下半部分是垂直显示器(VD),显示飞机在爬升、巡航和终端进近时的飞行轨迹,以及飞机相对于计划航迹以及地形剖面的实际航迹。

在导航显示器下半部分垂直显示器 VD 上,可以图形的形式显示飞机的最低安全高度或下降高度。此外,VD 还可显示气象雷达的垂直剖面。在 VD 的下部,针对飞行阶段或空速将很关键的一些数据设置了"提示"布局,如前缘缝翼/襟翼和减速板的选择,并以图形的方式显示出来。

导航显示器有关气象信息的显示画面如图 5.18 所示。

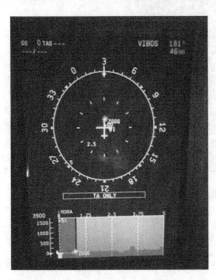

图 5.17 A380 导航显示器

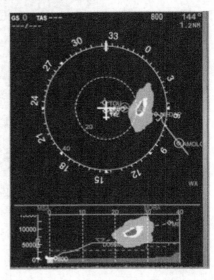

图 5.18 ND 气象信息显示

有关空中交通咨询及 TCAS 信息显示画面,如图 5.19 所示。

有关导航显示器显示的导航信息可以有 ARC、PLAN、ROSE - NAV、ROSE - VORHE 和 ROSE - LS 几种方式,飞行机组可用 EFIS 控制板上的方式选择旋钮选择其中之一。

导航显示器 ARC(弧形)画面,如图 5.20 所示,该画面显示的是飞机前面对应 100°范围的一个扇形区内的信息,度数以 5°为增量进行显示,每 10°有一个数字。航向刻度的半径同飞行机组在 EFIS 控制板上的方式选择旋钮选择的范围一致。

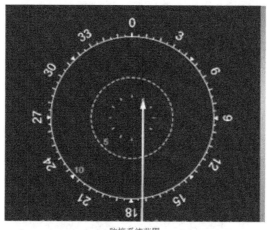

防撞系统范围

图 5.19　TCAS 信息

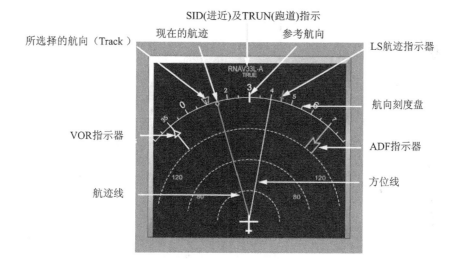

图 5.20　ARC 导航方式

　　导航显示器 PLAN(计划)画面,如图 5.21 所示。地图以真北方向显示,地图中心调整为飞行机组在主飞行显示上选择的地图基准点。该方式不显示关于气象雷达、地形或交通防撞的额外信息。

　　导航显示器在 ROSE NAV(全罗盘导航)状态,显示画面如图 5.22 所示。导航显示器的航向刻度为一个 360°的扇形,度数以 5°为增量进行显示,每 30°有一个数字。

　　导航显示器在 ROSE VOR(全罗盘 VOR)状态,显示的信息如图 5.23 所示。同样,导航显示器的航向刻度为一个 360°的扇形,度数以 5°为增量进行显示,每 30°有一个数字。

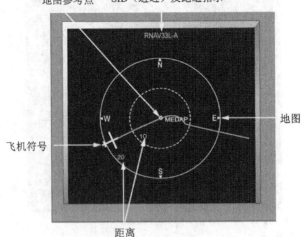

图 5.21 PLAN 导航方式

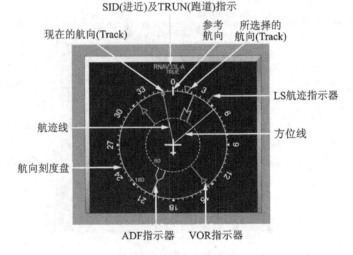

图 5.22 全罗盘导航方式

导航显示器显示与飞机航向相关的全罗盘 LS（ROSE－LS）方式，显示画面如图 5.24 所示。同样，导航显示器的航向刻度为一个 360°的扇形，度数以 5°为增量进行显示，每 30°有一个数字。

2. 多功能显示器

A380 飞机上配置了 2 台多功能显示器（MFD），如图 5.15 所示，正、副驾驶员一侧各有一台，可通过键盘光标控制单元（KCCU）来控制。多功能显示器用来显示来自飞行管理系统、空中交通管制、监视和飞行控制系统（备份）中的数据。

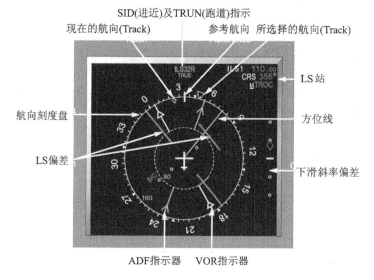

图 5.23　全罗盘 VOR 方式

图 5.24　全罗盘 ILS 方式

3. 电子中央监控系统

　　传统空客电传操纵的飞机将信息置于电子中央监控系统(ECAM)显示器上，A 380 延续了这一点。A380 的 ECAM 由发动机/警告系统显示器(E/WD)、系统显示器(SD) 和主飞行显示器(PFD)构成，E/WD 位于座舱仪表板中间最上部，通过告警显示向驾驶员提供备忘录信息、警戒信息、非正常程序和正常检查单。座舱仪表板中间中部是 SD，用于显示系统页、状态等。PFD 下部区域显示备忘录信息和警戒信息。

4. 发动机参数与告警显示

A380 发动机参数与告警器分为上下两部分,如图 5.25 所示。

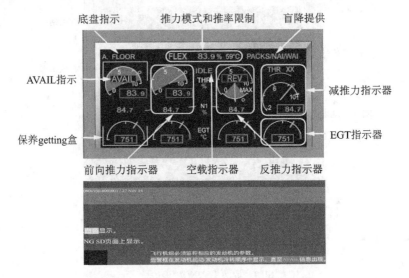

图 5.25   空客 380 发动机参数/告警显示器

发动机警告系统(EWD)的上半部分为发动机显示(ED)区,用于显示发动机主要参数,如图 5.25 上半部分所示。下半部分为告警显示区,正常飞行情况下,显示飞行机组人员所需的检查菜单和项目等内容,这是发动机在空中显示的状态页面;非正常飞行情况下(即只有出现故障时才会自动弹出此页面),则显示相关故障程序、延迟程序、未检验出的异常程序及机组人员所需的相关菜单、因故障引起的全部限制、通报说明、状态说明以及紧接着的 ECAM 告警等内容。

发动机次要参数的显示画面如图 5.26 所示。

图 5.27 所示为发动机火警告警显示页面。如果出现火警,ECAM 会自动弹出告警灯提示,图 5.27 所示的头顶板的火警红色灯也会亮起,同时伴有连续的语音告警声。

5. 系统显示器(SD)

系统显示器位于 2 台 MFD 之间,如图 5.15 所示。SD 分为三部分。上部分为 SD 主显示区,正常飞行情况下,显示系统页或更多信息页;非正常情况下,则显示相关系统页面故障即飞行机组人员在 E/WD 上清除了程序后的状态页面。中部为参数数据区,主要显示温度、时间和飞机重量等参数,下部显示空中交通管制邮箱(ATC)。

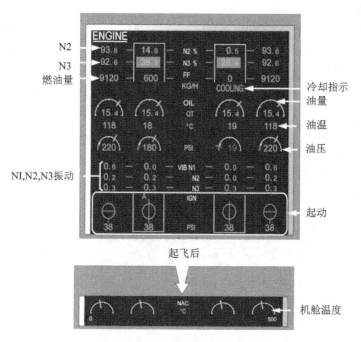

图 5.26　发动机系统显示

图 5.27　火警显示指示灯

5.3.3　B737NG 客机仪表系统

　　B737NG 系列客机驾驶舱(见图 5.28)中,共安装了六个平板显示单元,分别位于正、副驾驶的前方和仪表板中央的上、下部分。

B737NG 系列飞机电子仪表系统由 EFIS 和发动机指示与机组告警系统(EICAS)组成。B737NG 电子飞行仪表系统也同样包括主飞行仪表显示器(PFD)和导航显示器(ND)。正、副驾驶的前方各有两块,正驾驶前方左面是 PFD,右面是 ND;副驾驶前方左面是 ND,右面是 PFD。仪表板中央为 EICAS,详见图 5.28。

主飞行显示器(PFD)

导航显示器(ND)

发动机指示及机组警告系统
显示界面(EICAS)

飞航管理系统控制
显示单元(CDU)

多功能显示器

图 5.28   波音 B737NG 系列飞机的驾驶舱

1. 电子飞行仪表系统

电子飞行仪表系统包括主飞行仪表显示器(PFD)和导航显示器(ND)。

PFD 的显示画面如图 5.29 所示,主要提供动态的飞行轨迹控制信息。显示内容包括:空速、高度、垂直速度、姿态、操纵信息、飞行方式信号牌和无线电高度、仪表着陆系统显示、进近最低高度、航向/航迹、空中交通咨询以及防撞系统指示和近地警告系统信号牌。飞行指引仪可显示自动驾驶飞行指引系统的俯仰和倾斜指令。

导航显示器(ND)的显示画面如图 5.30 所示。ND 主要显示空速、航向、飞行计划和实际飞行路线以及横向位置导航指令信息等,并可选择叠加气象信息。

2. 发动机指示与机组告警系统

主 EICAS 显示器(如图 5.31 所示),主要显示发动机参数,如发动机压力比(EPR)、排气温度(EGT)、发动机转子转速(N1)、大气总温(TAT)等;副 EICAS 显示器(如图 5.32 所示)主要显示发动机的其他参数,如发动机转子转速(N1)、滑油温度、压力和油量等。

图 5.29   波音 737 - 800 飞机 PFD

图 5.30   波音 737 - 800 飞机 ND

图 5.31   主 EICAS 显示器

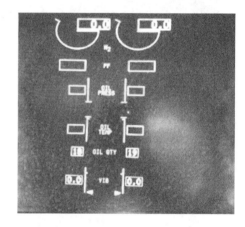

图 5.32   副 EICAS 显示器

5.3.4   B777 客机液晶显示仪表系统

B777 客机液晶显示仪表系统将成为民航机显示仪表发展史上的重大里程碑,标志着电子仪表显示系统已经进入了一个新的时代。

B777 客机驾驶舱如图 5.33 所示。

B777 客机座舱内,正、副驾驶员前方各自并排安装有主飞行显示仪和导航显示仪,如图 5.34 和图 5.35 所示。仪表板中央装有发动机指示和空勤告警系统,在仪表板中央的下方、油门杆的前方是一个多功能显示仪(MFD),可以用按钮选择显示多种信息。另外在两个驾驶员之间的油门杆等所在的中央仪表板上,装有三个飞行管理控制显示仪(MCDU)。

图 5.33　B777 客机驾驶舱

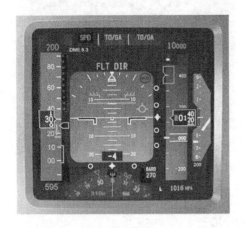

图 5.34　B777 客机主飞行显示仪

图 5.35　B777 客机导航显示仪

多功能显示仪的一个新的功能可由左内侧、右内侧和中央下部的发动机指示和机组告警系统显示来实现。通过显示选择面板(DSP)来控制其显示格式。在显示故障的情况下,显示系统可自动或者人工重新配置,以进行故障的补偿。

多功能显示仪可通过三个显示器中的任何一个来显示各种信息,例如:

➢ 导航显示;

➢ 状态页面;

➢ 辅助发动机参数 EICAS 显示;

➢ 电器、液压、燃油、气源、门、起落架和飞行控制系统的概要图;

> 通信页面；
> 电子检查单。

通信页面用于控制数据链特征,使机组通过可用的卫星和传统无线电通信频道,请求并接受各种诸如飞行航路、天气、运行咨询信息等与飞行相关的数据,这些数据链信息可在驾驶舱中的打印机上打印出来,同时收到的信息还可在上部的发动机指示与空勤告警系统显示器上显示出来。

电子检查单是另一种新功能。检查单是飞机飞行操作手册的重要组成部分。在波音 777 飞机上,可以通过显示选择面板上的按钮来方便地进行电子检查单的操作,实施无纸运行的功能。

从外观上看,波音 777 客机驾驶舱 6 个 203 mm×203 mm 的大型彩色电子显示器的布局没有变化,但是实际上,阴极射线管已被彩色液晶显示器所代替。

5.3.5　B787 客机电子仪表系统

波音 787 客机驾驶舱如图 5.36 所示,电子仪表系统如图 5.37 所示。在中央仪表板上有 4 个大型显示器,依次是正驾驶前方的主飞行显示器(PFD)、增强的垂直情况显示器和发动机参数显示/告警系统、多功能显示器、副驾驶前方的主飞行显示器(PFD)。

仪表板正下方有 1 个飞行管理计算机显示器,两侧有 2 个电子飞行包(EFB),中央仪表板正上方有 2 个双屏幕平视显示器(HUD),如图 5.36 所示。

图 5.36　B787 客机驾驶舱

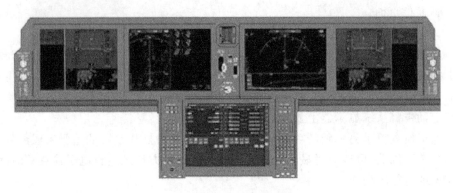

图 5.37　B787 客机电子仪表系统

1. 主飞行显示器(PFD)

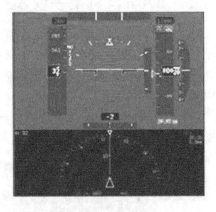

　　B787 主飞行显示器,如图 5.38 所示,位于仪表板左右两侧的外侧。除了显示飞机的常规的飞行参数以外,还提供了综合进近导航功能,可使 GPS、航向信标、甚高频全向指向标(VOR)和全向信标进近操作采用与仪表着陆系统等同样的程序,缩短了模拟器的训练时间。此外,主飞行显示器还能显示实际的和所需的导航性能,可实现飞机在恶劣气候及机场设施简陋条件下的进近着陆。

图 5.38　主飞行显示

2. 垂直情况显示器

　　B787 的垂直情况显示器可提供一种形式的垂直轨迹视图,显示垂直导航剖面,并能预测地形和航路点限制下的垂直轨迹。

3. 发动机指示与机组告警显示器

　　发动机指示与机组告警显示器提供了着陆装置、襟翼等舵面、燃料以及发动机参数的显示,通过旋钮来控制 EICAS 上的数据显示。图 5.39(a)所示为 EICAS 的主发动机显示画面,图 5.39(b)所示为发动机一般参数的显示画面。

4. 多功能显示器

　　B787 的多功能显示器(MFD)共有5个,可提供导航和电子检查单等信息的显示。导航显示可提供全画面地图显示,如图 5.40 所示。ND 具有两种模式,即 MAP 和 PLAN,模式的选择通过 ND 开关来完成。

 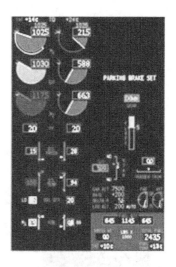

(a) EICAS的主发动机显示画面　　　(b) 发动机一般参数的显示画面

图 5.39　EICAS 参数的显示

MFD 具有多种显示方式,可采用面板上的开关来选择,如图 5.41 所示。CDU 展示了有关 MFD 的阐述;INFO 展示了空港地图的相关数据;CHKL 提供电子检查单等信息的显示;COMM 可提供通信菜单的显示。

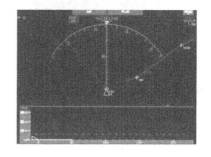

图 5.40　导航参数的显示

5. 平视显示器

如图 5.42(a)所示是平视显示器,共 2 个,正、副驾驶前方各一个,安装在驾驶舱中央仪表板的上方;如图 5.42(b)所示,是驾驶员和飞机之间交换信息的主要窗口,可让驾驶员在读取飞行数据的同时观察窗外的情况,增强了驾驶员的态势感知能力;提供了更稳定和精确的进近引导及低能见度起飞和滑行下更安全和更灵活的驾驶,同时增强了机组人员的协同性。

6. 电子飞行包

B787 提供了两个电子飞行包,正、副驾驶位各有一个。飞行包采用 LCD 显示,可通过触摸屏、屏幕按键、鼠标和键盘访问。

飞行包可提供:视频监视,包括对机外情况和客舱监视;实时的飞行性能计算;电子导航航图,包括区航图、进近图、地面滑行数据以及航路导航等信息。还可提供电子文件、手册、图表和资料,以便于随时调用查阅并提供电子飞行日志和电子检查单。

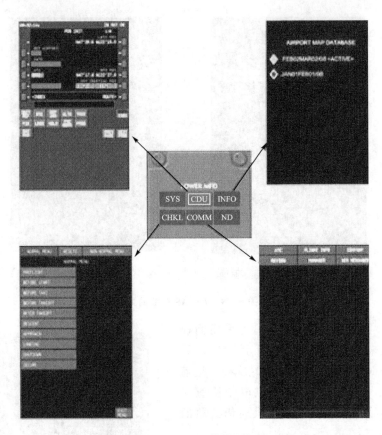

图 5.41　MFD 的显示

(a) 平视显示器

(b) 平视显示器在中央仪表板上的安装位置

图 5.42　2 个双屏幕平视显示器

5.4　飞行参数记录系统

　　飞机飞参系统是用于采集、记录飞行过程中各种数据、音频和视频信息的自动记录装置,国际上一般称为飞行记录器系统,俗称"黑匣子",是用于调查和预防飞行事故的设备。

5.4.1　飞行数据记录器系统的功能及发展

　　飞机飞参系统主要包括飞行参数记录器系统、舱音记录器系统、视频记录器系统和通信导航监视/空中交通管理记录器系统四种类型。其中飞机上的飞行参数记录系统,主要记录飞机飞行状态信息、操作系统工作状态信息、发动机工作状态信息以及飞机其余各子系统及设备的相关信息等;舱音记录系统主要记录座舱语音信息、座舱背景音信息及一些座舱噪声信息等;视频记录器系统主要记录座舱仪表显示信息、机组人员操纵飞机的信息及机组人员在座舱内的活动信息等;通信导航监视/空中交通管理记录器系统则主要记录与航迹对应的信息以及通过数据链传播的非语言指令信息等。

　　当飞机发生事故或事故征兆时,确定事故的类别和事故发生的原因是非常重要的。故此,依照法规的规定,凡是达到一定规格的飞机,即起飞质量超过 5 700 kg 的商用飞机,都必须要安装飞行记录仪。

　　飞机飞行参数记录器系统通常包括机载飞行参数记录器系统、飞参地面译码分析系统以及飞参地面保障设备三个部分。机载飞行参数记录器系统包括弹射飞参系统和通用飞参系统。主要由信号源、信号调节器、采集器、电源以及各种型号的电缆、插头、接线盒等部分组成。通用飞参系统主要由飞参信号传感器、采集器、记录器和水下定位信标组成。本书仅介绍机载通用飞参记录器系统。

　　最早的飞参记录仪是 1953 年洛克希德公司生产的 109 - C 飞行数据记录器,其记录介质为铝箔,所需记录的数据通过划针刻录在箔带上,当需要读取数据时,调查人员使用显微镜读取划痕来获得记录信息。20 世纪 70 年代初,随着数字化技术的发展,美国记录器设备制造商率先研制成功了数字化磁带飞行记录器。早期的飞行数据记录仪(FDR)用笔头以时间为基准连续地在磁带上记录下飞机的多个数据,如垂直加速度、航向、速度、高度等。磁带数字飞行记录器相对于箔带记录器,具有可重复记录、参数拓展方便及有利于计算机辅助信息处理等优点。因此,采用磁带以数字方式对信息记录是飞参记录器发展史上的一次伟大革命,标志着飞参记录器的发展有了一个质的飞跃,至今,在很多飞机上仍然在保留着磁带数字飞行记录器。

　　磁带数字飞行记录器需要借助计算机来读取记录器中的数据,磁带的存储容量较大,数据也不宜丢失,其缺点是读取数据时只可顺序寻址,数字信息写到磁带上或从磁带上读出时,需要编码和译码。现代的飞行参数记录系统中,记录介质采用固态存储器,即记录介质为芯片。固态存储技术是随着计算机以及通信技术的发展而发展起来的,它继承了磁带机录器几乎所有的优点,但相比磁带记录器而言,其可靠性高、体积小、易拆卸、极大地提高了工作效率,且可免受振动、火烧和长期的海水浸泡。目前,飞机上新加装的记录器均采用固态记录器。

在美国,目前的规定是飞机上均要使用一套数字式的飞行数据记录器(DFDR),还要使用飞机座舱录音机(CVR),以利用座舱中的送话器记录下机组人员与空中交通管制(ATC)的对话。

在此,重点介绍数字式的飞行数据记录器和舱音记录器系统。

5.4.2　数字式飞行数据记录器系统

数字式飞行数据记录器系统(DFDRS)包括:飞行数据记录器、飞行数据获取组件、加速度传感器、控制面板和水下定位装置等。

飞行数据记录器安装在一个防震的涂成黄色或亮橘红色的盒子里,如图5.43所示。其坚固的壳体对内部器件起着保护作用。盒子安装在飞机尾舱附近,能经受极高的冲击力,并防火、防水。

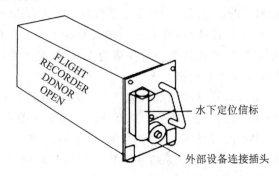

图 5.43　飞行数据记录器

飞行数据获取组件从飞机系统中获取数据,并送与飞行记录器记录。

沿飞机三轴安装的加速度传感器,测量飞机的纵向、横向和航向加速度,并将测量数据输送给飞行数据获取组件;飞行数据获取组件由飞机系统中获取数据,并输送给飞行数据记录器记录。

飞行数据记录器控制面板置于驾驶舱内,其板面如图5.44(a)所示。控制板上安装有一个控制开关和故障指示灯,人工可将该开关置于"正常"位置,意味着处于正常工作状态,当发动机工作后便自动进入记录方式。如开关处于"检查"位置,则处于地面检查方式,供地面测试飞行数据记录器使用。控制板上的故障指示灯用来向飞行人员提供记录系统故障报警的目视信号。当飞行数据记录器失效时,失效警告灯点亮。

图5.44(b)所示为航班/日期编码器,其包括六个人工调定的拇指轮和事件(E-VENT)、重复(REPEAT)按钮以及剩余时间指示器。拇指轮中的前四个用于给定

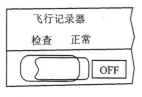

(a) 飞行数据纪录仪控制面板

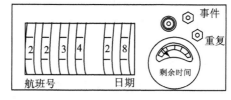

(b) 航班/日期编码器

图 5.44　飞行记录器控制面板图

航班号,后两个用于给定日期。事件按钮供飞行员记录发生的事件,当飞行员发现某一异常情况时,可立即按下此按钮,记录器便记下此时的信号。重复按钮在开始飞行或飞行中某一时刻按下时,将航班和日期编码写入飞行记录器,当编码器工作时,指示灯点亮。

水下定位装置,即记录仪上安装的水下信标发射器,可使记录仪在深水中定位,发射器的发射距离为 2~3 m。

发射器具有一个独立的电源,一旦进入水中立即开始工作,并能连续工作 30 天。

飞行数据记录器采用数字方法记录和存储数据,对于要求安装 FDR 的系统,必须能记录飞行中的一些重要参数。如:时间、高度、空速、垂直加速度、航向、无线电发射键控状态、俯仰姿态、横滚姿态、横向加速度、驾驶杆或升降舵的位置、俯仰配平的位置、驾驶盘或副翼的位置、方向舵脚蹬或方向舵的位置、每台发动机的推力、发动机反推的位置、后缘襟翼或襟翼手柄的位置、前缘襟翼或襟翼手柄的位置等。

飞行记录仪记录参数的多少取决于记录仪的形式和飞机本身的需要。近些年来,对于数字式飞行数据记录系统所需记录的参数数量在逐步增加。如在美国,规定在 2000 年 8 月 20 日到在 2002 年 8 月 19 日期间制造的飞机必须安装能记录 57 个参数的系统;在 2000 年 8 月 19 日以后生成的所有飞机必须安装能记录 88 个参数的系统等。

5.4.3　舱音记录器

舱音记录器上有 4 条音轨,分别用来记录飞行员与航空管制员的通话,正、副驾驶员之间的对话,驾驶员、空服员对乘客的广播以及驾驶舱内的各种声音(引擎声、警报声等)。录完后,会自动从头录起。依照法规,所安装的语音记录器应该保留运行过程中至少最后 2 小时所记录的信息。

语音记录器和飞行记录仪一样,安装在飞机尾舱后部的一个盒子里。该盒子也是黄色或橘红色的,防冲击、防震、防火、防水。通常,必须独立于飞行记录仪。

语音记录器从飞行前启动发动机之前使用检查单开始,到飞行结束完成最后的检查单为止,始终连续工作。

舱音记录器主要由记录器和控制板组成。早期的语音记录器采用磁带作为记录介质,现代飞机多采用固态的语音记录器,即将数据存储到半导体芯片上。语音记录器控制板用于对记录器进行远距离的控制和测试。

飞机的飞参系统主要用于飞行事故的调查,飞参和舱音对于查明飞行事故原因起着不可替代的作用。同时,在飞机的维修和飞行训练质量评估中也发挥着非常重要的作用。在今天,随着现代飞行技术的发展,在现代民机中,飞行参数记录系统也是一种用于监测飞机及其系统工作状态和操纵情况的自动记录系统。通过这种记录系统,不仅可以监控飞机及其各系统的故障或性能下降情况,还可将飞机在飞行时的故障或性能记录下来。同时,记录系统也是飞机重要的信息采集系统,可为飞机的故障诊断和预测提供有效的数据支持。飞机健康管理系统根据这些信息,可以在机上实现故障的初步诊断,并在地面进行增强故障诊断和趋势预测,以指导飞机维护系统的下一步工作,并依靠管理系统,实现飞机的故障定位和剩余寿命预测,提高系统的维护能力,大大提高了维护的信息化和智能化水平。

复习题

1. 说明电子综合显示仪的特点。
2. 叙述电子综合显示系统的组成。
3. 电子飞行仪表系统可以给出哪些信息?
4. 叙述电子综合显示仪的基本工作原理。
5. 典型的 EICAS 系统由哪几部分组成? 各部分的功能是什么?
6. 说明数字式飞行数据记录的基本组成和原理。

第 **6** 章

惯性导航系统

惯性导航系统是重要的机载导航设备。本章将介绍惯性导航的原理及其有关知识；着重介绍平台式、捷联式惯性导航系统，同时介绍现代民机上多用的激光陀螺惯性基准系统和组合导航系统。

6.1 概 述

6.1.1 导航的概念与发展历程

导航(Navigation)是引导载体到达目的地的过程。随着应用范围的不同，有航空导航、航海导航、陆地导航等区分。

以航空导航为例，导航就是要精确确定飞机所处的位置和方向并引导其按预定航线航行的整套设备(包括飞机上的和地面上的设备)即称为飞机的导航系统。

导航系统中包含有运动载体上的导航设备，飞行员或自动驾驶系统根据导航设备的仪表指示或输出的信号，操纵飞机向目的地行进。如果装在载体上的设备可单独产生导航信息，则称其为自主式导航系统。

导航设备提供两种工作状态。一种是提供导航信息。驾驶员根据其提供的信息操纵飞机沿着预定的航线到达目的地，称这种状态为导航系统工作于指示状态。另一种是提供的导航信息通过飞行自动控制系统，自动控制飞机沿预定的航线飞行，这时飞行员只进行监控，不直接参与飞机的控制，称这种状态为导航系统工作于自动导航状态。

现在使用中的很多导航系统包括运动载体上的导航设备，还安装有称为导航台的一套或若干套设备与之配合工作，以产生导航信息。导航台与运动载体上的导航设备采用无线电波联系，形成有效工作的导航系统。导航台设在地面，称为陆基导航系统；若设在卫星上，则称为卫星导航系统。陆基导航系统和卫星导航系统统称为无线电导航系统。

导航系统的发展是以人类的各种活动为基础的。

早期飞机主要靠目视导航。20世纪20年代开始发展仪表导航。飞机上有了简单的仪表,靠人工计算得出飞机当时的位置。

30年代出现无线电导航,首先使用的是中波四航道无线电信标和无线电罗盘,主要依靠的导航信息是航向。

40年代初开始研制超短波的伏尔导航系统。第二次世界大战前后,由于军事的迫切需求和科学技术发展的推动,导航逐渐发展成为一项专门的技术。这一时期,连续波调频无线电高度表、雷达高度表、气压高度表、精密进场雷达、多普勒导航系统、仪表着陆系统(ILS)等设备相继出现并得到了广泛的应用。

50年代初惯性导航系统用于飞机导航。

50年代末60年代初开始使用远程无线电罗兰C导航系统,并研制出塔康导航以及超远程的奥米加导航系统。

60年代,自主式导航系统迅速发展起来,主要是惯性导航系统(INS)获得了重要应用。60年代初出现了卫星导航,70年代,航空导航进入了加速发展的阶段,大型民机都安装了惯性导航系统。

70年代末,一系列新型导航系统相继出现,包括卫星导航系统,激光环形陀螺捷联式惯性导航系统、微波着陆系统(MLS),地形辅助系统等。在此过程中,为发挥不同导航系统的特点,出现了各种组合导航系统。这些导航方式中,卫星导航系统及其增强系统和组合导航系统起到了核心作用。

自80年代开始,导航技术发生了巨大的变化。随着航空交通运输业的飞速发展,安全性、经济性和精确性成为新的导航要求,促使新的导航体制和导航系统的出现,并应用于国民经济的各个方面。

6.1.2 惯性导航概述

惯性导航系统(Inertial Navigation System,INS)在商用和军事领域得到广泛的应用,目前是军用和民用飞机必不可少的装备之一。

军事领域,INS在保障作战飞机进行精确导航和定位,支撑精确制导武器实施防区外精确打击,发挥了保障作用、支撑作用和全局性作用,惯性装置已成为现代高技术武器中不可替代的一种装备。惯性技术已成为国防现代化中的一项关键技术。

在民用航空领域,INS已经是现代民机上不可或缺的装置,是支持飞机安全飞行、引导和进近,顺利实施飞行任务的重要保证。

1. 惯性导航技术的发展过程

惯性导航技术是随着科学技术的发展在实践中发展起来的。第二次世界大战之前和二战期间,无线电导航是当时飞机导航的主要手段。随着地基信标战争时期容易被干扰和摧毁,和平时期存在衰减和大气问题的出现,对独立于地基信标的空中导航系统的需求促使了第一套机载惯性导航系统的出现。1950 年,由美国奥特奈蒂克斯公司研制的全惯性导航仪 XN1 在 C-47 飞机上进行了约 1 小时的飞行试验,飞行误差约为 2 英里。20 世纪 60 年代,第二代超声速喷气战斗机 F-15、F-16 等问世,并开始装备惯性导航系统。1961 年在美国第二代战斗机 F104 上装载了利顿公司的平台式液浮陀螺惯性导航系统,这也是首个战斗机装备的惯性导航系统。20 世纪 60 年代随着动力调谐陀螺的研制成功,国外 70 年代研制的第三代战斗机上便均装备了以这种动力调谐陀螺为惯性元件的平台惯性导航系统。1963 年霍尼韦尔研制出的长时间误差仅为 0.02°/h 的第一套飞机用静电悬浮陀螺惯性导航系统用于自主导航精度要求非常高的远程军用飞机 B-52 和 F-117A 上。20 世纪 70、80 年代,气动轴承液浮陀螺、静电陀螺和动力调谐陀螺等机电陀螺在飞机惯性导航系统中获得了广泛的应用和发展。80 年代后期,随着光学和数字计算技术的飞速发展,激光陀螺和光纤陀螺的脱颖而出,使惯性技术发生了从平台式转向捷联式的巨大飞跃。1982 年,霍尼韦尔公司的激光陀螺惯性基准系统正式投入民用航线使用。1984 年,美国空军出台了捷联惯性导航系统标准并开始了激光陀螺惯性导航系统替换机电陀螺系统的工作。民用航空领域,20 世纪 80 年代中后期,环形激光捷联惯性导航系统开始大量装备民机。目前,激光陀螺捷联惯性导航系统在中高精度惯性导航系统中占有相当大的市场,主要民机机型均配置了这种设备。主要产品有:霍尼韦尔公司的 Laseref 系列惯性基准单元(IRU),其配套于波音 737-300/400/500、747-400、757、767、787 及空客公司 A310、A300-600 以及 Embraer 170/175/190/195 等。

由于民用飞机飞行航路较为固定,具有对经济性和可靠性因素要求较高的特点,且对 GPS 和地面导航设备依赖性强,所以惯性技术主要作为 GPS 补充的重要导航手段,多用于航向姿态测量,惯性技术重点也已经转移至新兴惯性传感器以及传统惯性传感器的小型化和低功耗的研究上,以完成 GPS 和惯性导航系统的组合应用。

2. 惯性导航系统的基本工作原理

INS 是通过测量飞机的惯性加速度,在给定运动初始条件下自动进行积分运算,以获得飞机即时速度和即时位置数据的一门综合性技术。组成惯性导航系统的设备均安装在飞机内,工作时不依赖于外界信息,也不向外界辐射能量,是一种自主式导航系统。

惯性导航的力学基础是牛顿第二运动定律。牛顿第二定律叙述了物体的加速度、质量和所受作用力三者之间的关系。当用线加速度计测量到飞机(物体)的运动加速度后,飞机的即时速度和即时位置可由下述公式获得:

$$a = \frac{\mathrm{d}v}{\mathrm{d}t} = \frac{\mathrm{d}^2 S}{\mathrm{d}t^2} \tag{6-1}$$

$$v = v_0 + \int_0^t a\,\mathrm{d}t \tag{6-2}$$

$$S = v_0 \int_0^t \mathrm{d}t + \frac{1}{2}\int_0^t \int_0^t a\, \mathrm{d}t^2 \qquad\qquad (6-3)$$

式中，a 为飞机的加速度；v 为飞机的速度；S 为飞行的距离。

若在初始时刻的速度 $v_0 = 0$，初始位移 $S_0 = 0$，则有

$$v = \int_0^t a\, \mathrm{d}t \qquad\qquad (6-4)$$

$$S = \frac{1}{2}\int_0^t \int_0^t a\, \mathrm{d}t^2 \qquad\qquad (6-5)$$

不管初始值 v_0 与 S_0 是否为零，应用上述速度和位移公式均可计算出任何时刻的速度和任何一段时间内飞机（物体）所飞过的距离。t 代表飞机（物体）经过的时间，v 是这一时间终了的即时速度，S 是时间终了时的即时位移。

设想飞机在一个平面内飞行，且飞行时间不长，故可以认为地球不转（不计地球转动）。在图 6.1 所示的飞机上有平台，平台始终平行于飞机所在的水平面。在平台上沿北—南纵轴 y 方向放置一个加速度计 A_y，在东—西横轴 x 方向放置一个加速度计 A_x。飞机起飞地点为直角坐标系的原点。当飞机起飞后，两个加速度计可以随时测出飞机沿北—南方向和东—西方向的线加速度，对加速度按上述公式积分，可得飞机沿 x 轴和 y 轴方向的即时速度和路程。其积分过程可用图 6.2 所示的方框图表示。图中 x_0、y_0、$\dot{x}_0$、$\dot{y}_0$ 分别为起始位置和速度值。

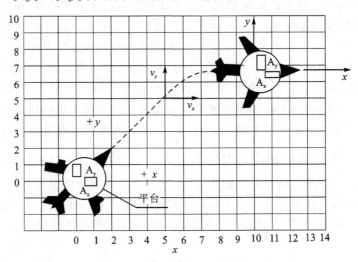

图 6.1　二自由度导航原理

为实现上述导航原理，要求在飞机航向改变时，加速度计 A_y 输入轴始终沿北—南纵轴 y 方向，加速度计 A_x 输入轴始终沿东—西横轴 x 方向。为此，图 6.2 所示飞机上的平台应相对于飞机机体转动。

惯性导航系统通常由惯性测量组件、计算机、控制显示器等组成。惯性测量组件包括加速度计和陀螺惯性元件。三个陀螺仪用来测量飞机沿三个轴的转动角运动；

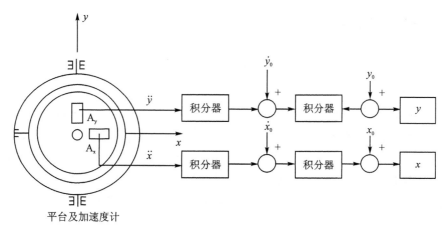

图 6.2　二自由度简化惯导系统方块图

三个加速度计用来测量飞机质心运动的加速度。计算机根据加速度信号进行积分计算，并进行系统的标定、对准，以及进行机内的检测与管理。控制显示器实时显示导航参数。

3. 惯性导航系统的分类

按惯性测量元件在飞机上的安装方式，惯性导航系统可分为平台式惯性导航系统和捷联式惯性导航系统。

平台式惯性导航系统是将惯性测量元件安装在惯性平台的台体上，由平台建立导航坐标系，三个正交安装的加速度计输入轴分别与导航坐标系相应轴向重合，且在飞机所在点的水平面内。飞机的姿态角直接利用惯导平台获得。在平台式惯性导航系统中，惯导平台能隔离飞机的角振动，加速度计和陀螺仪工作条件好，但惯导平台结构复杂，尺寸大。

捷联式惯性导航系统将惯性元件直接安装在飞机上，没有机电装置的惯导平台，测量机体转动的陀螺仪的输入轴和加速度计的输入轴都置于与机体轴向一致的位置。捷联惯导由于没有惯导平台，所以结构简单、体积小，但是由于陀螺仪和加速度计直接安装在飞机上，工作条件不佳，因此对仪表要求较高。

目前平台式飞机惯导系统精度在 $1\sim2$ km/h 之间，速度精度为 $0.8\sim1$ m/s。由于在平台式惯性导航系统中惯性测量组件通过平台与飞机相连，因而动态环境对惯性元件影响小，系统精度较高。因此，在需要高精度导航的场合，一般采用平台式惯性导航系统。

惯性导航系统的优点在于它的自主性，但是它的定位误差随时间而积累，在系统长时间工作后，会产生积累误差。

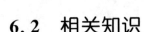

6.2 相关知识

6.2.1 地 球

实际的地球,从整体上来看,近似为一个以自转轴为对称轴的旋转体,它的轮廓是一个扁平的椭圆,沿赤道方向为长半轴 a,沿地轴方向为短半轴 b。椭球长半轴即地球赤道半径为 6 378.388 km,短半轴即地球极半径为 6 356.909 km。地球表面任意点的曲率半径不是常值,位于地球表面上的物体受到地球引力和离心力的作用,这二者的合力即为重力,重力的作用线叫做地垂线。一般地垂线不通过地心,但其偏差很小。

确定飞机的位置,需要知道飞机的经度、纬度和它的飞行高度。

地轴与地球表面的交点为地球的两极,通过地理南、北极的大圆弧叫做子午线或经线,它是表示地理南、北的方向线。子午线与地轴构成的平面叫做子午面。国际上规定,通过英国格林威治天文台的子午线为本初子午线,它与地轴构成的平面为本初子午面。子午面与本初子午面之间的夹角叫做经度。经度的数值以本初子午面为始点计算,在东半球叫东经,东经共分 180°;在西半球则以本初子午面为始点向西计算叫西经,西经也分 180°。

通过地心并垂直于地轴的平面的大圆为赤道平面,赤道平面与地球表面的交线为赤道。赤道是纬线,且是一个大圆。凡是垂直于地轴的平面与地球表面的交线都是纬线,但相对于赤道而言,这些纬线均是小圆。地垂线与赤道平面之间的夹角叫纬度。纬度的数值以赤道平面为始点计算,在北半球,以赤道平面为始点向北计算的纬度叫北纬,北纬共分 90°;在南半球叫南纬,南纬也分 90°,如图 6.3 所示。

6.2.2 主要坐标系

在物理学和力学中,研究物体的运动都是相对一定的坐标系而言的。比如,牛顿三大定律是相对绝对坐标系来讲的。坐标系被认为代表某一空间或某一物体,牛顿力学即是相对惯性空间而言的。在惯性导航中,导航设备安放在飞机上。飞机在地球附近运动时,一方面飞机相对于地球有运动,另一方面地球相对于惯性空间又有运动,因此研究飞机的运动,就要讨论这些运动间的坐标系选取及其之间的转换问题。

1. 实用惯性坐标系

日心惯性坐标系 原点选在太阳中心,坐标轴指向恒星。惯性导航系统中的陀螺仪和加速度计都是以牛顿定律为基础的,通常以日心惯性坐标系代表惯性空间。

地心惯性坐标系 以 $ox_iy_iz_i$ 表示,如图 6.4 所示,其中 z_i 轴沿地球自转轴方向,x_i 轴和 y_i 轴在地球赤道平面,彼此相差 90°。将日心惯性坐标系原点移至地球

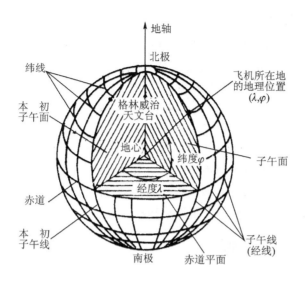

图 6.3　经度和纬度

中心,三个坐标轴与日心惯性坐标系三个轴平行。即构成地心惯性坐标系,它们不参与地球转动,也称为实用惯性坐标系。

2. 地球坐标系

地球坐标系 $Ox_e y_e z_e$ 与地球固连,随地球一起转动,如图 6.5 所示。坐标原点取在地心,z_e 轴与地球自转轴重合,x_e 轴指向本初子午面与赤道平面交线,y_e 轴构成右手坐标系。

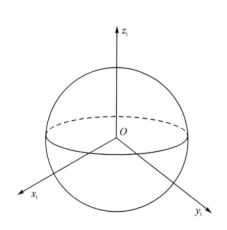

图 6.4　地心惯性坐标系

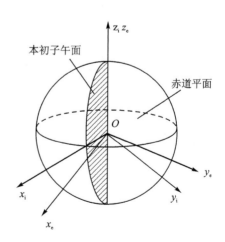

图 6.5　地球坐标系

3. 地理坐标系

地理坐标系又称为当地地理系 $Ox_ty_tz_t$，如图 6.6 所示。坐标原点选在飞机重心或地球表面某一点，x_t 轴沿当地纬线切线指向东，y_t 轴沿当地子午线切线指向北，x_t、y_t 在当地水平面内，z_t 轴沿当地地垂线指天(向上)。

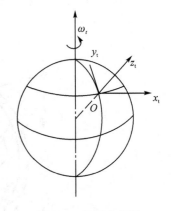

地理坐标系随飞机一起运动，但坐标系三个轴的指向却总是保持原来确定的指向。由此可见，不仅地球的自转要带着当地地理坐标系一起转动，而且飞机的运动也将引起当地坐标系转动。

图 6.6　地理坐标系

6.3　线加速度的测量

加速度传感器是用来测量飞机运动的加速度并输出加速度信号的装置。加速度传感器也称为加速度计，是惯性导航系统的重要惯性元件。

飞机运动包括重心的线运动和绕机体三轴的角运动，因此，加速度传感器也分为线加速度传感器和角加速度传感器。多数飞机的角加速度信号是通过速率陀螺仪与微分电路得到的，所以这里仅介绍广泛用于飞机上的测量线加速度的传感器。

加速度传感器的种类很多，按不同的方式分类，可有不同的种类。

按检测加速度质量的运动方式分类，有线加速度计和摆式加速度计。

按加速度计活动系统的支撑方式分类，可分为轴承支撑摆式、挠性支承、悬浮(静电等)加速度计。

按加速度计信号传感器的不同分类，可分为电位计式加速度计、电容式加速度计、电感或差动变压器式加速度计、振动弦式加速度计等。按检测方式分类，有开环加速度计和闭环加速度计等。

本节仅就几种主要加速度计的基本结构和工作原理加以介绍。

6.3.1　线加速度传感器

1. 线加速度传感器的功用

线加速度传感器用来测量飞机重心的线加速度。传感器的敏感轴若处于机体三个轴的方向上，则可感受和测量飞机三个轴向的线加速度。若敏感轴与机体坐标系中的 Oz 轴重合，则线加速度传感器可测量飞机的法向加速度；若敏感轴与 Ox 或 Oy 轴重合，则可测量飞机的纵向加速度 a_x 或侧向加速度 a_y。这三种传感器的组成、工作原理都相同，只是测量范围不同。

线加速度传感器也可代替迎角或侧滑角传感器，近似测量飞机的迎角或侧滑角。

2. 线加速度传感器的结构与工作原理

图 6.7 所示为一种简单的线加速度传感器工作原理图。

简单的线加速度传感器主要由弹簧、弹簧所支承的可动质量块 m、电位计信号变换器和阻尼器等部分组成。

将线加速度传感器装在飞机重心处,可移动质量块感受飞机重心的线加速度,称为敏感质量块。质量块 m 在弹簧的作用下被约束在仪表壳体内,并通过阻尼器与仪表壳体相连(见图 6.7(a))。

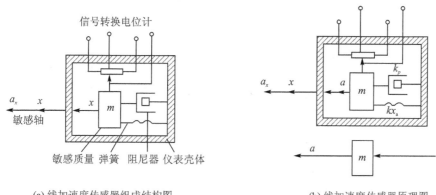

(a) 线加速度传感器组成结构图　　　　　　(b) 线加速度传感器原理图

图 6.7　简单式线加速度传感器工作原理图

假定飞机在惯性空间内运动,并产生相应的线加速度 a_x。由于线加速度传感器通过仪表壳体与飞机固连,所以在加速度的作用下,敏感质量块将沿加速度方向作位移运动。由于受弹簧力的约束(弹簧系数为 k),仪表中的敏感质量块又具有惯性,所以敏感质量块将朝着与加速度相反的方向相对壳体产生位移,从而压缩(或拉伸)弹簧,弹簧变形引起弹簧力 kx_a,方向与敏感质量块惯性力 ma_x 相反,见图 6.7(b)。当惯性力 ma_x 与弹簧力 kx_a 大小相等时,质量块处于平衡位置 x_a,这时系统有如下关系:

$$kx_a = ma_x \tag{6-6}$$

式中,a 为飞机相对于惯性空间的加速度,k 为弹簧系数,m 为敏感质量块的质量,x_a 为敏感质量块相对壳体产生的位移,由式(6-6),可得

$$x_a = \frac{m}{k} a_x \tag{6-7}$$

信号输出电位计的输出电压 $U = k_U x_a$(k_U 为电位计传递系数),则

$$U = \frac{k_U m}{k} a_x \tag{6-8}$$

即信号输出电位计的输出电压正比于飞机线加速度。

简单线加速度传感器构造简单、价格较低,广泛用于增稳、控制增稳、电传操纵系

统及自动驾驶仪中。但简单线加速度传感器具有电刷与电位计的摩擦力较大的缺点,而且质量块易受振动等因素的影响,弹簧易受温度影响,线性特性和灵敏度难以满足要求。为了解决上述问题,可用力矩系统取代弹簧,并增加浮子式阻尼器,这即为目前常用的浮子摆式加速度传感器。

6.3.2　摆式加速度计

摆式加速度计基本组成和线加速度计一样,即由弹簧、信号变换器和阻尼器等部件组成。所不同的是检测质量块做成单摆形式,基本原理如图 6.8(a)所示。

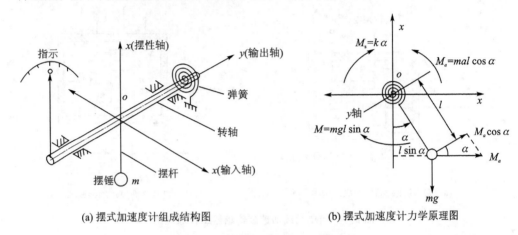

(a) 摆式加速度计组成结构图　　　　(b) 摆式加速度计力学原理图

图 6.8　摆式加速度计的力学模型图

当飞机具有沿负向 x 轴的加速度时,敏感质量摆感受到加速度 a 引起的惯性力 $F = -ma$,其方向与 a 相反。摆锤在 F 作用下,绕 y 轴产生转矩 M_a 和转角 α,如图 6.8(b)所示。由于转轴转动使弹簧变形而产生弹性力矩 $M_s = -ka$,M_s 与 M_a 方向相反,又由于摆锤偏离 z 轴方向,重力形成与弹性力矩方向相同的力矩分量 mgl $sin\alpha$,当稳态时力矩平衡方程为

$$mal \ cos\alpha = ka + mgl \ sin\alpha \qquad (6-9)$$

当 α 很小时,$cos\alpha \approx 1$,$sin\alpha \approx \alpha$,于是可得

$$\alpha = \frac{ml}{k + mgl} a \qquad (6-10)$$

式中,m 为摆锤质量,l 为摆长,k 为弹性系数,均为常数,故得

$$\alpha = k_1 a \qquad (6-11)$$

这里

$$k_1 = \frac{ml}{k + mgl}$$

如果传感器输出为电压,即 $u = k_2 \alpha$(k_2 为传感器系数),则可得

$$u = k_2 \alpha = k_1 k_2 a = k_a a \qquad (6-12)$$

由此可知,只要测量出输出电压,即可知道被测加速度。

6.3.3　浮子摆式加速度计

如图 6.9 所示为浮子摆式加速度传感器。

由图可知,浮子摆式加速度传感器由浮子摆组合件、力矩器、信号传感器、放大器和充满粘性液体(如聚三氟乙烯)的密封壳体组成。其中浮子摆组合件由单摆、浮筒、信号传感器的转子和力矩器的转子构成。浮筒两端伸出的小轴由安装在壳体的宝石轴承支承,其两端的力矩器和传感器都是"无接触式"的。浮筒中的单摆相当于简单线加速度传感器的活动质量块,其工作原理与简单线加速度传感器相同,只是具体参数不同。

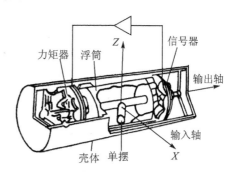

图 6.9　浮子摆式加速度传感器

设单摆质量为 m,与输出轴的距离为 l。当飞机有瞬时加速度 a_x 时,在惯性力作用下,单摆产生绕输出轴的力矩 $M_0 = mla_x$,使浮子摆和其轴上的信号传感器(即微动同位器)转子相对于定子转过角 β,产生正比于 β 的电压 $U = K_U\beta$(K_U 为传感器系数)。经放大器放大,输出与 U 成比例的电流 $I = K_I U = K_I K_U \beta$($K_I$ 为放大系数)。放大后的电流输入力矩器产生反馈力矩 $M_K = K_M I$(K_M 为比例系数),与加速度 a_x 产生的力矩 M_a 相平衡,$\vec{M_K} = -\vec{M_a}$,即

$$mla_x = K_M K_I K_U \beta$$

$$\beta = \frac{ml}{K_M K_I K_U} a_x \tag{6-13}$$

所以,加速度传感器输出的电压为

$$U = K_U\beta = \frac{ml}{K_M K_I} a_x = K_a a_x \tag{6-14}$$

式中,$K_a = \dfrac{ml}{K_M K_I}$。

6.3.4　挠性加速度计

挠性加速度计也是一种摆式加速度计,它与液浮摆式加速度计的区别在于它的摆组件不是悬浮在液体中,而是用挠性杆支撑着,其组成如图 6.10 所示。检测质量块用挠性杆与壳体相连。挠性杆是一种由弹性材料制成的弹性支撑,其结构形式多为圆柱形结构。

在检测质量块上绕有力矩器线圈,在壳体两端固定有两个永久磁铁,它们与力矩器线圈构成动圈式力矩器。

用磁钢表面与摆组件两端构成两个检测电容器。当摆组件偏转时,随着两边间隙发生变化,电容器的电容量也会发生变化,从而反映出所测加速度的大小。

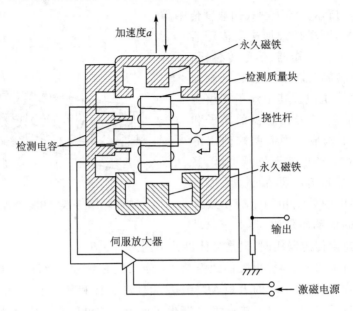

图 6.10　挠性加速度计

当输入轴有加速度时,惯性力对挠性杆细颈处形成惯性力矩,使摆质量绕细颈轴转动,两个检测电容器间隙发生变化,使得左、右两电容器的电容量发生变化,通过电桥电路检测出电容的变化,从而可知道摆组件偏角的大小。不平衡信号经放大、解调、校正和直流功率放大,最后送到力矩器线圈,产生电磁力矩平衡摆力矩。通过测量力矩器线圈电路中的一个采样电阻上的电压,即可获得与加速度成比例的信号,从而反映出所测加速度的大小。

挠性加速度计无支撑摩擦力矩,加速度计内无浮子;摆的体积小,结构简单,制造成本低,故而在惯性导航系统中用得较多。

6.4　惯性导航系统基本方程

6.4.1　比　力

由线加速度计的原理可知,简单式线加速度计通过敏感质量块相对壳体产生的位移,即 $x_a = \dfrac{m}{k}a_x$ 的关系,来检测飞机运动的线加速度。可是,在惯导系统应用中,加速度计在测量飞机运动的同时,还受到来自地球、月球、太阳引力场的引力加速度的影响。

假设加速度计检测质量块 m 仅受到沿敏感轴(输入轴)方向的引力 mG(G 为引力加速度)的影响,由线加速度计的原理可知,检测质量块将沿引力作用方向相对壳体运动,产生位移,并拉伸弹簧。当拉伸弹簧产生的弹簧力 kx_G(x_G 为位移量)与引力相等时,系统处于平衡状态,位移为一定值,这时有如下关系:

$$kx_G = mG \tag{6-15}$$

或

$$x_G = \frac{m}{k}G$$

沿同一轴向的运动加速度 a 和引力 G 引起检测质量块位移的方向是相反的。因此,当同时考虑运动加速度和引力加速度时,稳态时检测质量块的位移应为

$$x = \frac{m}{k}(a-G) \tag{6-16}$$

即位移量与 $(a-G)$ 成正比。阻尼器仅起阻尼作用,借助于位移传感器可将位移量变换成电信号。故此,加速度计的输出与 $(a-G)$ 成正比。

在惯性系统中,将加速度计的输入量 $(a-G)$ 称为比力。下面从动力学的角度对这一概念加以说明。

稳态时,加速度计的检测质量上所受到的力有外力 $F_外$(弹簧力)和引力 mG,依据牛顿第二定律,可得

$$F_外 + mG = ma \tag{6-17}$$

由上式可得

$$\frac{F_外}{m} = a - G \tag{6-18}$$

则得

$$f = a - G \tag{6-19}$$

f 即为比力。由此可见,加速度计实际感测的是比力,严格地讲,将加速度计称为比力计更为确切。

6.4.2　绝对加速度的表达式

前面提到的运动加速度是指飞机(力学中泛指动点)的绝对加速度。飞机在地球表面附近飞行时的绝对加速度表达式是惯性导航计算的依据。由理论力学的知识可以知道,当动点的牵连运动为转动时,动点的绝对加速度 a_a 等于相对加速度 a_r、牵连加速度 a_e 与哥氏加速度 a_c 的矢量和,即

$$\boldsymbol{a}_a = \boldsymbol{a}_r + \boldsymbol{a}_e + \boldsymbol{a}_c \tag{6-20}$$

由此得到飞机绝对加速度的表达式为

$$\frac{\mathrm{d}_i R}{\mathrm{d}t} = \frac{\mathrm{d}_i R_0}{\mathrm{d}t} + \frac{\mathrm{d}_e r}{\mathrm{d}t} + \boldsymbol{\omega}_{ie} \times \boldsymbol{r} \tag{6-21}$$

上式中,导数角注 i 表示相对于惯性参考坐标系求导,e 表示相对地球坐标系求导,

ω_{ie}（即 ω_e）为地球相对于惯性空间的角速度。

上式中各项的物理意义如下：

$\dfrac{\mathrm{d}_i R}{\mathrm{d}t}$——飞机相对于惯性空间的速度，即飞机的绝对速度；

$\dfrac{\mathrm{d}_e r}{\mathrm{d}t}$——飞机相对地球的速度，即飞机的相对速度；

$\dfrac{\mathrm{d}_i R_0}{\mathrm{d}t}$——地球公转引起的地心相对惯性空间的速度，是飞机牵连速度的一部分；

$\omega_{ie} \times r$——地球自转引起的牵连点相对于惯性空间的速度，是飞机牵连速度的另一部分。

将式（6-21）对时间求一阶导数，则有

$$\frac{\mathrm{d}_i^2 R}{\mathrm{d}t^2} = \frac{\mathrm{d}_i^2 R_0}{\mathrm{d}t^2} + \frac{\mathrm{d}_i}{\mathrm{d}t}\left(\frac{\mathrm{d}_e r}{\mathrm{d}t}\right) + \frac{\mathrm{d}_i}{\mathrm{d}t}(\omega_{ie} \times r) \tag{6-22}$$

对等式右端第二项和第三项分别应用绝对导数和相对导数关系，有

$$\frac{\mathrm{d}_i}{\mathrm{d}t}\left(\frac{\mathrm{d}_e r}{\mathrm{d}t}\right) = \frac{\mathrm{d}_e^2 r}{\mathrm{d}t^2} + \omega_{ie} \times \frac{\mathrm{d}_e r}{\mathrm{d}t} \tag{6-23}$$

$$\frac{\mathrm{d}_i}{\mathrm{d}t}(\omega_{ie} \times r) = \frac{\mathrm{d}_e}{\mathrm{d}t}(\omega_{ie} \times r) + \omega_{ie} \times (\omega_{ie} \times r) \tag{6-24}$$

将以上两式代入式（6-22），并认为 ω_{ie} 等于常数，可得绝对加速度表达式如下：

$$\frac{\mathrm{d}_i^2 R}{\mathrm{d}t^2} = \frac{\mathrm{d}_i^2 R_0}{\mathrm{d}t^2} + \frac{\mathrm{d}_e^2 r}{\mathrm{d}t^2} + 2\omega_{ie} \times \frac{\mathrm{d}_e r}{\mathrm{d}t} + \omega_{ie} \times (\omega_{ie} \times r) \tag{6-25}$$

式（6-25）中各项的物理意义如下：

$\dfrac{\mathrm{d}_i^2 R}{\mathrm{d}t^2}$——飞机相对于惯性空间的加速度，即飞机的绝对加速度；

$\dfrac{\mathrm{d}_e^2 r}{\mathrm{d}t^2}$——飞机相对地球的加速度，即飞机的相对加速度；

$\dfrac{\mathrm{d}_i^2 R_0}{\mathrm{d}t^2}$——地球公转引起的地心相对惯性空间的加速度，是飞机牵连加速度的一部分；

$\omega_{ie} \times (\omega_{ie} \times r)$——地球自转引起的牵连点的向心加速度，是飞机牵连加速度的另一部分；

$2\omega_{ie} \times \dfrac{\mathrm{d}_e r}{\mathrm{d}t}$——飞机的哥氏加速度。

6.4.3 导航的基本方程

式（6-19）中的 a 是绝对加速度；G 为引力加速度，即为地球引力加速度 G_e、月

球引力加速度 G_m、太阳引力加速度 G_s 和其他天体引力加速度的矢量和 $\sum\limits_{i=1}^{n-3} G_i$，即

$$G = G_e + G_m + G_s + \sum_{i=1}^{n-3} G_i \tag{6-26}$$

将式(6-25)、式(6-26)代入式(6-19)，得加速度计检测质量块敏感的比力为

$$f = \frac{\mathrm{d}_i^2 R_0}{\mathrm{d}t^2} + \frac{\mathrm{d}_e^2 r}{\mathrm{d}t^2} + 2\omega_{ie} \times \frac{\mathrm{d}_e r}{\mathrm{d}t} + \omega_{ie} \times (\omega_{ie} \times r) - \left(G_e + G_m + G_s + \sum_{i=1}^{n-3} G_i\right)$$

由于检测质量块和飞机一起在地球表面运动，同时又和地球一起绕太阳公转，因而它具有与地球相同的向心加速度，故而

$$\frac{\mathrm{d}_t^2 R_0}{\mathrm{d}t^2} - G_s \approx 0$$

在地球表面附近，月球引力加速度的值 $G_m \approx 3.9 \times 10^{-6} G_e$；太阳系中距地球表面最近的金星的引力加速度大约为 $1.9 \times 10^{-8} G_e$；太阳系中质量最大的是木星，其引力加速度约为 $3.7 \times 10^{-8} G_e$。太阳系外的其他星系，因距离地球遥远，其引力加速度更加微小。对于一般的惯导系统来说，月球及其他天体的引力加速度的影响可以忽略不计。故此，加速度计检测质量感测的比力可表示为

$$f \frac{\mathrm{d}_e^2 r}{\mathrm{d}t^2} + 2\omega_{ie} \times \frac{\mathrm{d}_e r}{\mathrm{d}t} + \omega_{ie} \times (\omega_{ie} \times r) - G_s \tag{6-27}$$

式(6-27)中，$\dfrac{\mathrm{d}_e r}{\mathrm{d}t}$ 为飞机相对地球的速度，用 V 表示。$\omega_{ie}(\omega_{ie} \times r)$ 为地球自转引起的向心加速度，其与地球引力加速度可形成地球重力加速度，如图 6.11 所示，表示为

$$mg = mG_e - m\omega_{ie} \times (\omega_{ie} \times r) \tag{6-28}$$

即

$$g = G_e - \omega_{ie} \times (\omega_{ie} \times r) \tag{6-29}$$

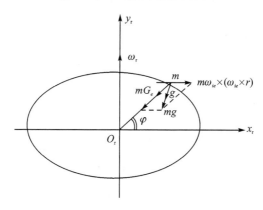

图 6.11 引力加速度与重力加速度的关系

由此，加速度计检测质量块感测的比力可表示为

$$f = \dot{V} + 2\omega_{ie} \times V - g \qquad (6-30)$$

在惯导系统中加速度计被安装在飞机内的某一测量坐标系中。假设安装加速度计的测量坐标系为 p 系,其相对于地球坐标系的转动角速度为 ω_{ep},则有

$$\frac{\mathrm{d}_e V}{\mathrm{d}t} = \frac{\mathrm{d}_p V}{\mathrm{d}t} + \omega_{ep} \times V \qquad (6-31)$$

因此,加速度计检测质量块感测的比力表达式为:

$$f = \frac{\mathrm{d}_p V}{\mathrm{d}t} + \omega_{ep} \times V + 2\omega_{ie} \times V - g \qquad (6-32)$$

式(6-32)称为比力方程。

飞机相对地球的速度 V 可用飞机内的测量坐标系相对于地球的速度 V_{ep} 代替,并经过整理,最后式(6-32)可写成如下的形式:

$$\dot{V}_{ep} = f - \omega_{ep} \times V_{ep} - 2\omega_{ie} \times V_{ep} + g \qquad (6-33)$$

式中,$\dot{V}_{ep}$ 是飞机(测量坐标系)相对地球坐标系的相对加速度,是惯性导航系统要提取的信息;$\omega_{ep} \times V_{ep}$ 是测量坐标系相对地球转动引起的向心加速度;$2\omega_{ip} \times V_{ep}$ 是飞机的相对速度 V_{ep} 与牵连角速度 ω_{ie} 引起的哥氏加速度。

令

$$(2\omega_{ie} + \omega_{ep}) \times V_{ep} - g = a_B$$

代入式(6-33),可得

$$\dot{V}_{ep} = f - a_B \qquad (6-34)$$

从测量值比力 f 中消除有害加速度 a_B,即可得到导航计算中所需要的相对加速度 $\dot{V}_{ep}$,积分一次可得到 V_{ep},再积分一次可得到位移。

式(6-33)、式(6-34)即为惯性导航系统的基本导航方程。

6.5 平台式惯性导航系统

平台式惯性导航系统是以惯性导航平台为核心组成的惯性导航系统。本节中,主要介绍平台式惯性导航系统的组成、原理及惯性平台的初始对准等问题。

6.5.1 平台式惯性导航系统的分类

平台式惯性导航系统依据平台所模拟的坐标系不同,可分为空间惯性导航系统和当地水平惯性导航系统。空间惯性导航系统的台体用来模拟某一惯性坐标系 $(Ox_iy_iz_i)$;当地水平惯性导航系统的平台台体则模拟某一当地水平坐标系,即保证两个水平加速度计的敏感轴所构成的基准平面始终跟踪当地水平面。

当地水平惯性导航系统,根据平台指向的不同可分为三类。

1. 指北方位惯导系统

指北方位惯导系统采用地理坐标系$(Ox_ty_tz_t)$为导航坐标系,即惯导平台坐标系$(Ox_py_pz_p)$模拟地理坐标系。由于飞机飞行在高纬度地区时经度变化得太快,使得平台的经度和导航参数的计算都存在问题,所以该导航系统不适用于高纬度地区。

2. 自由方位惯导系统

自由方位惯导系统平台的方位指向惯性空间的某一个方向,由于地球的运动以及飞机运动的作用,使得该平台方位相对于地球(或子午线)有任意的角度,因此称其为自由方位惯导系统。该系统只需给使控制平台保持在当地水平面内的陀螺施加控制指令,而平台上的方位陀螺则不需加控制信号。所以这种惯导系统克服了指北方位惯导系统不能在高纬度地区导航的缺点。

3. 游动方位惯导系统

游动方位惯导系统中,惯导平台坐标系$(Ox_py_pz_p)$模拟了游动方位系统。平台的台面仍保持在当地水平面内,但相对于惯性空间以某一规定的角速度(当地地球自转角速度的垂直分量)进动。

本书以指北方位惯导系统为例,介绍平台式惯性导航系统的工作原理及导航参数的计算。

6.5.2　惯性导航系统的基本原理

1. 三通道惯性导航系统

平台式惯性导航系统一般由惯性平台、计算机及控制、显示器等部件组成。

惯性平台是平台式惯性导航系统的核心。其作为一个实体的物理平台,实际上是一个装在载体内部的实体化基准坐标系。借助于这个基准,载体可以用角运动和线运动传感器测出自己所处的位置和方向。

惯性平台既可采用单自由度陀螺方案,也可采用二自由度陀螺方案。图 6.12 所示为用三个单自由度陀螺组成的指北方位平台式惯性导航系统的结构示意图。

单自由度陀螺可以作为陀螺平台的敏感元件。利用单自由度陀螺的基本特性,可实现平台相对惯性空间单轴方位的稳定,也可实现平台稳定轴指令角速度的方位跟踪。由于飞机在空间做任意运动,需要三个加速度计才能测得空间任意方向的加速度,因而安装三个互相垂直的加速度计需要三轴稳定平台。因此安装在飞机上的惯导平台,需要由三套单轴稳定平台组成(在将稳定平台用于惯性导航时,称为惯导平台)。

图 6.12 所示的惯性平台为一个三环平台,从内往外,依次为方位环、横滚环和俯仰环。平台上装有三个单自由度速率积分陀螺 G_x、G_y、G_z,其中 G_x 与俯仰环组成单轴稳定平台,G_y 与横滚环组成单轴稳定平台,G_z 同方位环组成单轴稳定平台。

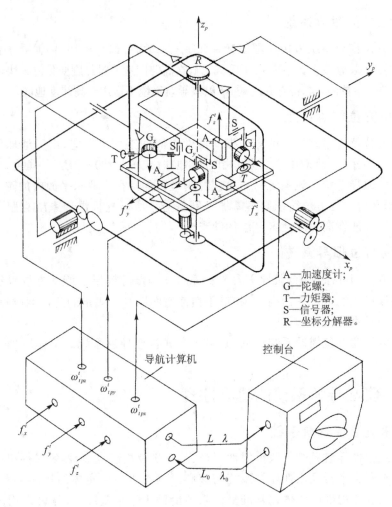

A—加速度计；
G—陀螺；
T—力矩器；
S—信号器；
R—坐标分解器。

图 6.12　惯性导航系统原理结构示意图

单轴稳定平台的工作过程如图 6.13 所示。

指北方位惯导系统属于水平式平台惯导系统。指北方位平台式惯导平台建立的平台坐标系 $Ox_py_pz_p$ 以平台中心为坐标原点。理想情况下，平台坐标系与当地地理坐标系重合，因此其中的 Oy_p 轴指向北方，即与地理坐标系 Oy_t 轴（N 轴）重合，Ox_p 与地理坐标系 Ox_t 轴（E 轴）重合，Oz_p 轴与当地垂线重合。平台台面 Ox_py_p 在当地水平面内。平

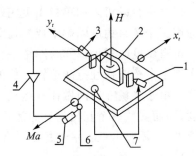

1—力矩器；2—陀螺；3—传感器；4—放大器；
5—稳定电机；6—减速器；7—加速度计

图 6.13　单轴陀螺稳定平台示意图

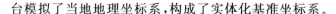

台模拟了当地地理坐标系,构成了实体化基准坐标系。

对一般水平平台式惯性导航系统,平台的俯仰环和滚转环的稳定信号应随飞行器的方位改变而改变,因此需要将水平两个通道的信号进行方位分解后,才能控制各自的轴稳定电机。对指北方位惯性导航系统(指不计误差,实现精确指北方位时),由于平台坐标系与当地地理坐标系完全重合,这时的方位分解可以不予考虑。

在平台上装有三个加速度计 A_x,A_y,A_z,它们的测量轴分别沿平台 Ox_p 轴、Oy_p 轴和 Oz_p 轴,也即分别与东向轴、北向轴和垂直方向轴一致。当飞机以任意方向做加速度运动时,加速度计便可以测得上述三个方向的加速度。

对三个加速度测量值的处理和积分计算,便可得到需要的导航参数。

大多数飞机所用的惯导系统都将平台和计算机组装在一起,称为惯导组件,其他组件还包括方式选择组件和控制显示组件。

2. 单通道惯性导航系统

当地水平惯导系统中,平台的方位可以不同,但 x_p、y_p 两个轴总是保持在水平面里,由于两个水平通道,其组成和工作原理相同。下面以一个单通道惯导系统为例来给予说明。

(1) 单轴陀螺平台的稳定

单轴陀螺平台是单通道惯导系统的核心。如图 6.13 所示,单轴陀螺稳定平台由平台、速率积分陀螺仪、放大器、伺服电机、减速器等组成。

速率积分陀螺仪的输入轴与平台轴(或称稳定轴)重合或平行安装,伺服电机经减速器可带动平台绕其轴转动。若伺服电机采用永磁式力矩电机,则无需减速器。当平台受到某种干扰力矩绕平台轴转动、平台偏离原来的空间方位时,速率积分陀螺将感受这个转动,于是陀螺仪将绕内框轴转动,出现转角 β,信号传感器输出与该转角成比例的电压信号。信号经放大、变换后控制伺服电机,伺服电机产生转矩,经减速器传递到平台上,转矩将克服平台上的干扰力矩,从而使平台绕着平台轴相对于惯性空间保持方位稳定,即使平台恢复到初始方位。

(2) 惯导平台跟踪地垂线

如果飞机在地球表面沿子午线等高度向北飞行,假设地球是球形、不旋转的球体,则飞机可以俯仰,既不滚转也不偏航。平台装在载体上并经初始对准后保持在水平面内。平台轴 x_p 指东为正,x_p 轴是平台的旋转轴,y_p 轴指北为正。在平台上固定一个加速计 A_N 和一个速率积分陀螺 G_E。陀螺 G_E 的输入轴沿 x_p 轴安装,加速计的输入轴沿平台 Oy_p 轴的正向安装,这样再加上一个计算机,就组成了一个单通道的惯导系统。如图 6.14 所示。在飞行过程中,要求平台 y_p 轴始终指北,即平台保持水平。由加速度计的信息可确定即时纬度。

当飞机以加速度 a_N 向北飞行时,地垂线的方向不断改变,其变化的角速度为 $\dfrac{V_N}{R}$,方向绕 Ox_p 负向,其中 V_N 为北向速度,R 为地球球体半径。飞机在飞行过程中,平台要保持在当地水平面内,其法线也应以角速度$\left(-\dfrac{V_N}{R}\right)$跟踪地垂线方向变化。

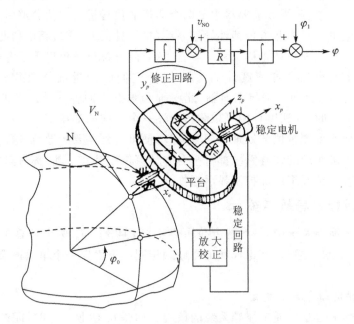

图 6.14 单自由度惯导系统原理

若这个系统各环节没有误差,则开始时刻,平台严格地在当地水平面内,即$Ox_p y_p z_p$和$Ox_t y_t z_t$重合。为了做到平台法线跟踪当地地垂线方向变化,需对平台上的陀螺力矩器输入一个与$\left(-\dfrac{V_N}{R}\right)$成比例的指令,使平台绕稳定轴以$\omega_{ipx}^p = \left(-\dfrac{V_N}{R}\right)$转动,跟踪输入指令。信号的具体传递过程是:加速度计 A_N 以传递系数k_a,敏感加速度a_N,并以电信号形式输入积分器,积分器的传递系数为k_u,积分后即得到飞机电信号的即时速度V_N,此信号除以地球球体半径R,就变为由飞机速度V_N引起的地垂线在空间转动角速度信号,该信号作为驱动的指令角速度ω_{ipx}^p,并以电流形式送入陀螺力矩器,使力矩器产生一个绕陀螺内框的控制力矩。

陀螺在沿内框轴的力矩作用下,其信号传感器产生与内框转角成比例的信号,经放大校正,输入稳定电机,平台将绕着平台稳定轴转动(陀螺在平台上),实现平台的跟踪工作状态。

由图 6.14 可以看出,单自由度惯导系统可以分为稳定回路和修正回路。

稳定回路由陀螺信号传感器、放大校正环节和稳定电机组成,其作用是保持平台稳定轴相对惯性空间的稳定,一旦平台受到干扰力矩,通过稳定回路的工作,可以迅速抵御这种干扰;稳定过程时间是很短的,不到 1 s。修正回路由加速度计、积分器、陀螺力矩器、陀螺组件、陀螺信号传感器、稳定回路放大环节、稳定电机等组成。它的作用是要求平台按指令角速度相对惯性空间运动。

平台法线跟踪地垂线的原理如图 6.15 所示。在理想情况下,若平台法线跟踪地垂线角速度恰好等于地垂线在空间改变的角速度,则平台始终保持在当地水平面内,重力加速度 g 不会被北向加速度计 A_N 所感受,这正是我们所希望的。但实际平台系统总存在一定误差,因而存在平台误差角 α,此时加速度计测量的比力应为

$$f = a_N - (-g\ \sin\alpha) = a_N + g\ \sin\alpha \approx a_N + g\alpha \qquad (6-35)$$

其几何关系如图 6.16 所示。

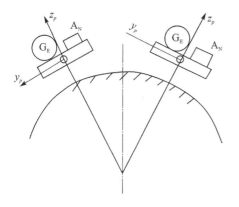

图 6.15　平台跟踪地垂线示意图

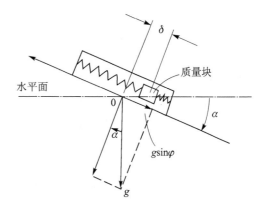

图 6.16　加速度计敏感比力值

由于飞机只沿地球子午线向北飞行,因此在地球上的位置只有纬度变化,将指令加速度信号 $\omega_{ipx}^p = \left(-\dfrac{V_N}{R}\right)$ 积分一次即可求得飞机的即时纬度。

在此需要说明的是:指北方位惯导系统由于平台始终水平指北,而在高纬度地区经线密集,东西向的速度会引起很大的经度变化率,这便要求方位陀螺施加很大的控制力矩,平台跟踪速度大,这就给陀螺力矩器和平台稳定回路的设计带来了困难。限于陀螺最大进动角速度,所以指北方位惯导系统不适于全球飞行,一般用于 $\varphi < 60°$ 的地区。为了克服指北方位惯导系统存在的问题,在不改变平台等硬件的前提下,可采用自由方位惯导系统和游动自由方位惯导系统方案,这部分内容在此不作详细论述。

6.5.3　惯性导航系统中的舒拉条件

1. 舒拉原理

在地面上,处于静止状态的摆线能准确地指示当地垂线的方向,但在运动物体上,摆线支点的水平加速度将使摆线摆动而偏离垂线方向。德国教授舒拉在 1923 年的论文中指出,假如有可能制造一个自然振荡周期等于 84.4 min 的指示垂线的机械装置,则当载体在接近地球表面处以任意方式运动时,此装置不会受加速度干扰。舒

拉在研究消除陀螺罗盘加速度误差时提出了这个原理。但当时受到工业、科学技术水平的限制，舒拉想用复摆、陀螺摆等实际装置来证明这个原理没有成功。多年以后，这个原理在惯导系统中得到了实践证明。

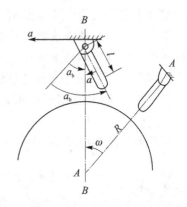

为了说明这个问题，以物理摆为例。假设地球是不转动的球体，飞机沿子午面运动，不计飞机距离地面的高度，在飞机内悬挂一个物理摆。飞机沿大圆弧方向飞行，如图 6.17 所示。

由图 6.17 可见，$A-A$ 为当地垂线，即飞机

图 6.17　加速度作用下的物理摆

起始垂线；飞机以加速度 a 飞行，经过一段时间后到达 B 点，此时地垂线为 $B-B$，a_a 为摆偏离初始位置的角度，a_b 为地垂线偏离初始位置的角度，摆在运动中偏离地垂线的角度为 α。

物理摆的运动方程式为

$$J\ddot{a}_a = mla\cos a - mlg\sin a \qquad (6-36)$$

式中，J 为绕支点的转动惯量；l 为摆长；m 为摆的质量。由图 6.17 可以看出

$$a_a = a_b + \alpha \qquad (6-37)$$

即有

$$\ddot{a}_a = \ddot{a}_b + \ddot{\alpha}$$

地垂线空间运动方程为

$$\ddot{a}_b = \frac{a}{R}$$

当 α 为小角度时，利用上述关系，则式（6-37）为

$$\ddot{a} + \frac{lmg}{J}a = \left(\frac{lm}{J} - \frac{1}{R}\right)a \qquad (6-38)$$

经推导可知（在此不作详细推导，推导过程请见相关的资料），如果使摆的参数满足下列条件：

$$\frac{lm}{J} = \frac{1}{R} \qquad (6-39)$$

则物理摆将跟踪地垂线而不受载体速度 a 的影响。式中，R 为地球的半径。式（6-39）即为物理摆舒拉条件。

2. 惯导系统中的舒拉条件

由舒拉条件可以看出，物理摆的舒拉条件要求调整内结构参数来实现舒拉周期，其条件很难满足。因为地球半径很大，这就要求物理摆的转动惯量很大，而又要求物理摆的质量和摆长很小，舒拉条件的等式才能成立。设用圆环来做物理摆，如果圆环

半径为 0.5 m,要满足式(6-39),即 $\dfrac{lm}{J}=\dfrac{1}{R}$,就要求 $l=0.04\ \mu m$,显而易见,这是不可能做到的。这就是舒拉所遇到的实际困难。但在惯导系统中,通过调整修正回路的参数,舒拉原理可以得到实现。

惯导系统中,当导航坐标系选为当地水平坐标系时,要求平台 Ox_p、Oy_p 轴保持在水平面内,Oz_p 轴就是地垂线方向。这样,平台相当于一个指示垂线的装置。按照舒拉原理,并按舒拉调整条件来选择平台系统的参数,即使加速度计敏感加速度 a_N 的传递系数 k_a、积分器的传递系数 k_u、陀螺力矩器的传递系数 k_m 和角动量 H 满足以下关系

$$\frac{k_a k_u k_m}{H}=1 \tag{6-40}$$

则飞机在以后沿子午线等高飞行的过程中,即使有加速度的作用,平台的转动运动也不会受载体加速度的干扰,平台仍能够精确地保持水平,平台转动的角速度恰好等于地垂线改变的角速度。

$\dfrac{k_a k_u k_m}{H}=1$ 即为舒拉调整条件,只要对各元件参数进行选择,这个条件是可以实现的。由于采用了高精度的惯性元件和对平台回路参数进行了舒拉调整,惯导平台的水平精度可以提高到角秒数量级。

6.5.4　平台式惯性导航系统参数的计算

如前所述,理想情况下,平台坐标系与当地地理坐标系重合。指北方位惯导系统属于水平式平台惯导系统,水平平台内有东向水平通道和北向水平通道。

对于实现了舒拉调整的水平式平台惯导系统来讲,平台系统可精确地模拟当地水平面。由此可在飞机上建立一个模拟地理坐标系的物理平台。

1. 速度计算

由于指北方位系统的平台坐标系 p 与地理坐标系 t 一致,导航运动方程式(6-33)可以写为

$$\dot{V}_{et}^t = f^t - (2\omega_{ie} \times \omega_{et}^t) \times V_{et}^t + g^t \tag{6-41}$$

式(6-41)中,ω_{et}^t 为地理坐标系 t 相对地球坐标系 e 的角速度在 t 上的量,ω_{ie} 为地球相对惯性空间自转角速度。

水平式平台惯导系统,两个水平通道的导航基本方程为

$$\dot{V}_{epx}^t = f_x^t - a_{Bx}^t \tag{6-42}$$

$$\dot{V}_{epy}^t = f_y^t - a_{By}^t \tag{6-43}$$

其中,a_{Bx}^t 和 a_{By}^t 为有害加速度。

从加速度计测量的比力 f_x^t 和 f_y^t 中分别除掉有害加速度 a_{Bx}^t 和 a_{By}^t，即可得 $\dot{V}_{epx}^t$ 和 $\dot{V}_{epy}^t$，积分一次可得导航坐标系中飞机沿着东北向相对于地球的速度分别为

$$V_E = V_{E0} + \int_0^t \dot{V}_E dt \tag{6-44}$$

$$V_N = V_{N0} + \int_0^t \dot{V}_N dt \tag{6-45}$$

式中，$\dot{V}_E = \dot{V}_{epx}^t$，$\dot{V}_N = \dot{V}_{epy}^t$，飞机相对于地平面的速度为

$$V = \sqrt{V_E^2 + V_N^2} \tag{6-46}$$

2. 经度和纬度计算

实际飞行中，飞机惯性系统是以经度、纬度定位的。飞机飞行时经/纬度的变化率如图 6.18 所示。其中纬度的变化率为

$$\dot{\lambda} = \frac{V_N}{R} \tag{6-47}$$

经度的变化率为

$$\dot{\varphi} = \frac{V_E}{R\cos\lambda} \tag{6-48}$$

时间 t 内纬度为

$$\lambda = \lambda_0 + \frac{1}{R}\int_0^t V_N dt \tag{6-49}$$

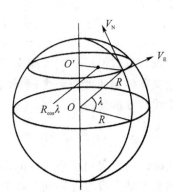

图 6.18 经/纬度变化率

时间 t 内经度为

$$\varphi = \varphi_0 + \frac{1}{R}\int_0^t \frac{V_E}{\cos\lambda} dt \tag{6-50}$$

由式（6-50）可看出，当 λ 接近 $90°$ 时，$\dfrac{1}{\cos\lambda}$ 趋向于无穷大，由此可知，采用这种方法计算纬度和经度时，一般纬度限制在 $80°$ 以下。

3. 高度计算

高度的变化率为

$$\dot{h} = V_z$$

高度为

$$h = h_0 + \int_0^t V_z dt \tag{6-51}$$

水平式惯导系统高度通道，不能采用纯惯导系统确定较长时间飞机的飞行高度，而是引入外部高度信息，因而需要气压式高度表、无线电高度表和大气数据系统等给予的高度信号配合使用。

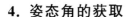

4. 姿态角的获取

由于平台坐标系模拟了当地地理坐标系,所以从平台框架上的角度传感器便可直接获取飞机的俯仰角、滚转角和航向角信号。

6.5.5　平台式惯导系统初始对准简介

惯性导航系统在正式工作前必须对系统进行调整,以便使平台处于预定的导航坐标系内,并使导航计算机正式工作时具有正确的初始条件。也就是说,在惯导系统进入正常的导航工作状态前,首先要解决参数解算中积分运算的初始条件,如给定初始速度、初始位置等,以及平台的初始取向问题,这些工作统称为初始对准。

平台式惯导系统的初始对准工作,由于飞机的初始位置已经知道,初始速度为零,所以初始对准的任务即是将平台坐标系调整到导航坐标系中。

初始对准的应用是惯导系统的一个十分重要的问题。如果不对准,导航参数就会有误差,只有在对准状态结束后,才可转到导航状态。

1. 初始对准的方式

初始对准可分为静基座对准和动基座对准两种方式。静基座对准是指飞机处于静止的情况,例如飞机在机场起飞前的惯导系统对准问题。静基座的初始条件为初始速度等于零,初始位置为停机坪当地的经度和纬度。可将初始值通过控制器输入计算机,操作过程比较简单。

动基座对准是指飞机处于运动情况下的对准,例如飞机在空中飞行时的对准和空对空之类导弹的惯导系统对准。动基座下的初始条件一般只能由外界提供的速度和位置信息来确定。

静基座对准较动基座对准容易解决,动基座对准是一个比较困难的工程课题。

在飞机的初始位置已知的情况下,平台式惯导系统初始对准工作的主要任务是将平台调整到所选定的导航坐标系的位置,例如指北方位惯导系统,即要求实际的平台坐标系调整到与预定地理坐标系之间误差角最小的位置。一般对准技术可以使平台水平精度达 $10''$ 左右,方位对准精度达 $2'\sim5'$。

2. 初始对准的过程

平台初始对准的操作过程涉及到整个惯导系统的操作过程,比较复杂。我们总是要求实际平台坐标系与预定的地理坐标系之间误差越小越好。

平台对准的具体方法可分为两类。其中一类为自主式对准,目前用得较多的是利用惯导系统本身的惯性元件——陀螺与加速度计测得的信号,结合系统原理进行自动对准。它依靠惯性元件的敏感重力加速度 g 和地球自转角速度 ω_{ie} 的功能,自动调整平台水平和北方向。另一类的外部对准方法,通常是采用光学或机电方法将符合精度要求的外部基准坐标系引入平台,然后使平台对准在外部提供的基准上。

根据对准精度要求,初始对准过程分为粗对准和精对准。粗对准对精度没有严格要求,但要求对准过程要快,即要求尽快地将平台调整到某一精度范围;精对准在粗对准的基础上进行,提高对准精度是主要的。在满足要求精度的基础上缩短对准时间是初始对准面临的主要矛盾,尤其是军机,对准速度是一个重要指标。

在精对准过程中,一般先进行水平对准,然后进行方位对准。在水平对准过程中,方位陀螺不参加对准工作,在水平对准的基础上再进行方位对准。

下面讨论自主式对准,着重介绍静基座对准的物理过程。

首先介绍平台的水平粗对准。

实际中,在应用惯导系统时,飞机位于停机坪上,系统启动后,平台被大体锁定在飞机机体坐标系内,但平台不一定在水平面内。

平台水平粗对准的过程是,当平台不处于水平状态时,平台台面与真实水平面之间即会出现误差角。这里假设平台绕 Ox_p 轴、Oy_p 轴出现误差角,设平台绕 Ox_p 轴转角为 α,绕 Oy_p 轴转角为 β,这时,平台上的加速度计就会感测到重力加速度的正弦分量,并输出与正弦分量成比例的电信号。暂不考虑加速零位误差 ∇_x 与 ∇_y,由比力公式(6-19)可得在平台倾斜 α 或 β 后,在静基座时,加速度计所感测的比力为

$$\left.\begin{array}{l} f_x = a_x - g_x = a_x - g\sin\beta \approx a_x - g\beta \\ f_y = a_y - g_y = a_y - (-g\sin\alpha) \approx a_y + g\alpha \end{array}\right\} \quad (6-52)$$

由于飞机不动,即 $a_x=0$, $a_y=0$,故加速度计所感测的重力加速度为

$$\left.\begin{array}{l} f_x = -g\beta \\ f_y = g\alpha \end{array}\right\} \quad (6-53)$$

此即为实现模拟调水平的指令信号,该信号经直流放大器送到陀螺力矩器,陀螺的输出信号经放大校正后进入稳定电机,稳定电机带动平台,向减小误差角的方向转动。当平台误差角减小到加速度感测阈值以内时,即平台误差角达到一定精度范围内时,加速度计输出信号为零,陀螺输出消失,平台停止转动,这样平台便自动对准到具有一定水平精度的范围内。以上粗对准信号的传递过程与单通道惯导系统有加速度时的信号传递过程相同。

由于粗对准回路信号不经计算机计算,且影响调整平台精度的许多因素都未被考虑,因而调整平台精度不高,其主要强调平台快速接近水平,也称快速模拟调水平。

水平精对准是在水平和方位粗对准的基础上进行的。水平精对准与粗对准回路相比,信号流程基本相同,区别仅在于加给陀螺力矩器的控制信号要经过计算机计算。计算机的输入信号除了加速度计信号外,还要求输入陀螺漂移误差、地球半径、地球自转角速度和当地纬度等参数。

方位对准是在水平对准基础上进行的,方位对准的目的是使平台方位与地理北向一致。在水平对准过程中利用了重力加速度矢量使平台跟踪当地水平面,方位对准则利用地球自转矢量使平台跟踪地球北向。

6.6　捷联式惯性导航系统

6.6.1　概　述

在平台式惯导系统中,惯导平台成为系统结构的主体,其体积和质量约占整个系统的一半,而安装在平台上的陀螺和加速度计只占平台质量的 1/7 左右。而且,平台本身又是一个结构十分复杂、加工制造难度大的高精密度的机电控制装置,由于结构复杂,故障率较高,使惯导系统工作的可靠性受到影响。正是出于这些方面的考虑,加之计算机技术的迅速发展和广泛应用,在继续发展平台式惯导系统的同时,人们开始进行对另一种惯导系统的研究,这便是捷联式惯导系统。早期的捷联式惯导系统由于受到惯性传感器的制约,没有得到广泛的应用,直到 20 世纪 80 年代以后,随着环形激光陀螺的出现和逐步走向成熟,激光陀螺捷联惯导系统便成为了军用和民用领域中最为广泛应用的捷联式惯性导航系统。

捷联式惯导系统是将惯性元件(陀螺仪与加速度计)直接固联在载体上的系统。"Strap"有捆扎的意思,"捷联"原文为"Strapdown",有捆扎上即"直接固连"的意思。从结构上来讲,捷联式惯导系统和平台式惯导系统的主要区别是前者没有实体的惯性平台,而将完成平台功能的职能存储在计算机里,构成了所谓的"数学平台"。

除了动态范围大外,捷联式惯导系统所用的惯性元件,还必须保证在载体恶劣动态环境下正常工作,载体的振动将严重影响惯性元件的性能。

就捷联式惯导系统中应用的陀螺仪来说,一类是速率陀螺,如单自由度液浮陀螺、动力调谐陀螺、激光陀螺等,这类陀螺测量的是载体的角速度;另一类陀螺如静电陀螺,测量的是角位置,称为位置陀螺。使用速率陀螺仪组成的系统称为速率捷联惯导系统,采用位置陀螺组成的系统则称为位置捷联惯导系统。

由于实体惯导平台用计算机软件取代,因此,捷联式惯导系统具有以下特点:

① 由于取消了机械平台,减少了惯导系统中的机械零件,加之捷联式惯导系统容易采用敏感元件,实现多余度,因此捷联惯导系统可靠性比平台系统高。

② 捷联式惯导系统较平台式维护简便,故障率低。国外做过统计,按 100 套惯导系统计算,采用液浮陀螺的平台系统,故障率为每百万小时 955.6 次;改为捷联式惯导系统,故障率只有每百万小时 764.4 次。

③ 捷联惯导系统对器件的要求比平台系统高。平台系统的陀螺仪安装在台体上,可以相对重力加速度和地球自转方向任意定位,还可以根据需要标定惯性器件的误差;而捷联式惯导系统的惯性器件在载体上安装,不具备这种条件,因此要求器件具有较高的参数稳定性。从目前的技术水平来看,捷联式惯导系统的惯性器件由于在载体动态环境下工作,其系统的误差较平台式大,因此,在要求较高的场合,仍采用平台式惯导系统。

6.6.2　捷联式惯性导航系统的基本原理

1. 机体坐标系到导航坐标系的坐标变换

在平台式惯导系统中,惯性平台可以模拟不同的坐标系,有空间稳定的惯导系统和各种水平稳定的惯导系统;与这些平台式系统对应的捷联式系统则采用相应的"数学平台",即将平台的作用和概念体现在计算机中,它是写在计算机中的方向余弦矩阵。

在捷联式惯导系统中,惯性元件直接固连在机体上,它所测量的相对惯性空间的角速率和加速度是沿机体轴的分量。而要解决导航参数的计算问题,首先要将这些测量的沿机体坐标系的参数转换到导航坐标系来。如果将这些沿机体轴的分量经过一个坐标转换方向余弦矩阵,就可以转换到所要求的计算机坐标系内的分量。如果这个矩阵可以描述机体和地理坐标系之间的关系,那么沿机体坐标系测量的加速度经过转换后便可得到沿地理坐标系的加速度分量。有了已知方位的加速度分量之后,导航计算机便可根据相应的力学方程解出要求的导航参数来。

首先研究平面中的坐标系变换问题。

图 6.19 所示为二维坐标系,OXY 和 Oxy。设开始时两坐标系重合,当 Oxy 绕公共点 O 逆时针转过 θ 角后,两坐标系不再重合。设 OM 保持不动,由于 Oxy 的旋转,OM 在 OXY 坐标中有坐标 X、Y,在 Oxy 坐标系中有坐标 x、y。

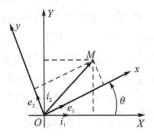

图 6.19　二维坐标系旋转

取 i_1,i_2 为 OXY 的单位向量,e_1,e_2 为 Oxy 的单位向量,由图 6.19 得

$$e_1 = i_1\cos\theta + i_2\sin\theta$$
$$e_2 = -i_1\sin\theta + i_2\cos\theta \tag{6-54}$$

写成矩阵形式,得

$$\begin{bmatrix} e_1 \\ e_2 \end{bmatrix} = \begin{bmatrix} \cos\theta & \sin\theta \\ -\sin\theta & \cos\theta \end{bmatrix} \begin{bmatrix} i_1 \\ i_2 \end{bmatrix} \tag{6-55}$$

上式说明只要知道 Oxy 坐标旋转的角度 θ,则可将单位向量 i_1、i_2 转换到 e_1、e_2 上去,也可以反过来,将 e_1、e_2 转换到 i_1、i_2 上去。相应的坐标变换为

$$\begin{bmatrix} x \\ y \end{bmatrix} = \begin{bmatrix} \cos\theta & \sin\theta \\ -\sin\theta & \cos\theta \end{bmatrix} \begin{bmatrix} X \\ Y \end{bmatrix} \tag{6-56}$$

若令

$$A = \begin{bmatrix} \cos\theta & \sin\theta \\ -\sin\theta & \cos\theta \end{bmatrix}$$

那么

$$\begin{bmatrix} x \\ y \end{bmatrix} = A \begin{bmatrix} X \\ Y \end{bmatrix} \tag{6-57}$$

因为坐标系都是正交坐标系,且 A 中元素都不为零,故以下等式也是成立的:

$$\begin{bmatrix} X \\ Y \end{bmatrix} = A^{\mathrm{T}} \begin{bmatrix} x \\ y \end{bmatrix} \tag{6-58}$$

式中 A^{T} 是 A 的转置矩阵。

由此可见,变换矩阵 A 可实现旋转坐标系之间的坐标转换。

下面研究惯导系统中的坐标变换问题。

在惯性导航技术中,遇到的是三维坐标系的变换问题,常将坐标系 Oxy 依附于飞机,即为机体坐标系;OXY 代表参考坐标系,即可选定为导航坐标系。飞机在空间的转动是三维运动,可选用三个独立的角度来表示它相对参考系的位置。因此,类似于平面坐标系旋转的二维变换,可以通过一个正交矩阵 C_b^n 进行 Oxy 与 OXY 坐标系之间的三维坐标变换,即存在

$$\begin{bmatrix} X^n \\ Y^n \\ Z^n \end{bmatrix} = C_b^n \begin{bmatrix} x^b \\ y^b \\ z^b \end{bmatrix} \tag{6-59}$$

式中,C_b^n 是从机体坐标系 b 到参考系 n(即导航坐标系)的变换矩阵,C_b^n 是飞机姿态角(俯仰角和滚转角)和航向角的函数,称为姿态变换矩阵或简称姿态矩阵。

2. 捷联式惯性导航系统的基本原理

图 6.20 所示为捷联式惯导系统原理框图。

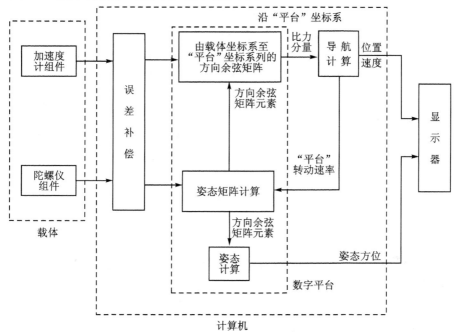

图 6.20 捷联式惯导系统原理框图

在捷联式惯导系统中,加速度计和陀螺直接安装在飞机上,因此,它们测量的是飞机各轴的惯性加速度和绕各轴的转动角速度。加速度计和陀螺仪输出的信息,经过误差补偿处理,可获得所需要的测量值。

由加速度计测得的比力分量为

$$\boldsymbol{f}^b = \begin{bmatrix} f_x^b \\ f_y^b \\ f_z^b \end{bmatrix}$$

只有将 $\boldsymbol{f}^b$ 转换到水平的导航坐标系里,才能有效地进行地表导航参数的计算。因此,首先要进行由机体坐标系到导航坐标系的转换。捷联式惯导系统中这个功能是借助于计算机来完成的,即需计算

$$\boldsymbol{f}^n = \boldsymbol{C}_b^n \boldsymbol{f}^b$$

为能进行上述计算,要求计算机实时地提供姿态矩阵 $\boldsymbol{C}_b^n$,才能实时地把 $\boldsymbol{f}^b$ 转换为 $\boldsymbol{f}^n$,而要提供随时间变化的 $\boldsymbol{C}_b^n$,需要求解以下的微分方程:

$$\dot{\boldsymbol{C}}_b^n = \boldsymbol{\Omega}_{nb}^n \boldsymbol{C}_b^n \tag{6-60}$$

式中,$\boldsymbol{\Omega}_{nb}^n$ 为角速度 ω_{nb}^n 的反对称矩阵;ω_{nb}^n 是姿态矩阵的角速度,可由陀螺仪提供。

在速率捷联式惯导系统中,沿机体轴安装有三个速率积分陀螺仪,可以测量机体绕三根机体轴的角速度,即可以测得飞机(即 b 系)相对惯性空间的角速度 ω_{ib}^b 有

$$\omega_{ib}^b = \omega_{in}^b + \omega_{nb}^b$$

得

$$\omega_{nb}^b = \omega_{ib}^b - \omega_{in}^b = \omega_{ib}^b - \boldsymbol{C}_n^b(\omega_{ie}^n + \omega_{en}^n)$$

式中,ω_{ib}^b 为陀螺仪测量值;ω_{ie}^b 为已知的在导航系里的地球角速度;ω_{en}^b 为飞机的位移角速度,可以经由相对速度获得,它体现了"平台"转动角速度。

求解式(6-60)时,由于姿态矩阵中的元素均为时间的函数,是已知的。因此,由姿态矩阵元素可以提取姿态角和航向角。

由此可见,在捷联式惯导系统中,加速度信息的坐标变换、姿态矩阵计算、姿态角和航向角的提取,这三项功能都在计算机里完成,起着物理平台的作用,所以称之为"数学平台"。

除了惯性元件组成惯性测量组件外,捷联式惯导系统与平台式惯导系统在组件组成上是基本相同的,也有控制显示组件和方式选择组件,有的系统把两者合为一体。

由于惯性测量组件——加速度计和陀螺仪组件直接安装在运载体(飞机)上,工作环境恶劣,要求它在飞机振动、冲击、温度变化等条件下仍能正确测量,参数和性能有高的稳定性,故对惯性元件要求比平台高。

运载体的复杂运动包括角运动都将直接作用在惯性元件上,由此会产生多项误差,因此,在捷联式惯导系统中需要采取误差补偿措施。

6.7　现代民机惯性导航系统介绍

6.7.1　大气数据惯性基准系统

大气数据惯性基准系统是大气数据系统和惯性基准系统的组合系统。

在早期的民航客机上,大气数据系统(ADS)和惯性基准系统(IRS)作为两个独立的系统使用,前者具有大气数据基准功能,完成垂直导航;后者具有惯性基准功能,完成水平导航。随着科学技术和计算机技术的发展,将 ADS 和 IRS 结合起来,即构成了大气数据惯性基准系统(ADIRS)。这种新型综合化的 ADIRS,既具有 ADS 功能,又具有 IRS 的功能,将两种系统组合在一起,利用各自的优势,取长补短,实现了集水平导航和垂直导航于一体的综合导航系统。

ADIRS 接受来自大气数据系统的真空速和高度速率、来自惯性基准系统的姿态数据,经计算之后得到飞机的姿态、航向、速度和加速度信息,也是一种自主式导航系统。

目前应用于我国民航的"波音"和"空客"两大系列的飞机均装备有 ADIRS,并采用了不同的余度组合技术,使得系统整体结构更加科学,成本也相对降低。

波音 777 客机采用了一种大气数据激光陀螺惯性基准系统,其捷联惯导测量组件用了 6 个斜置陀螺和 6 个加速度计。由于采用了余度技术,增加了惯性元件故障的容许次数,故而提高了系统的可靠性。

A320 飞机采用了大气数据惯性基准系统,将原来的大气数据计算机和惯性导航计算机合为一体,既降低了成本,又提高了系统的可靠性。该系统包括 3 个大气数据惯性基准组件、8 个 ADM 大气数据模块、3 个空速管探头、6 个 STAT 静压探头、3 个 AOA 迎角传感器、2 个 TAT 总温探头和 1 个控制显示器。

6.7.2　组合导航系统简介

所谓组合导航是把两种或两种以上不同的导航设备以适当的方式组合在一起,使其性能互补,从而达到优于单独使用任一系统时的性能,以期提高整个系统的导航性能。

组合导航系统按设备类型分,可分为无线电导航系统间的组合、惯性导航系统和无线电导航系统间或天文导航系统之间的组合两大类。多于两种导航设备的组合则称之为多传感器组合导航系统。

随着卫星导航系统的逐渐投入使用,出现了惯性导航系统和卫星导航系统的组合,由于二者都是全球、全天候、全天时的导航设备,都能提供十分完整的导航数据,且二者优势可以互补并能消除各自的缺点,所以这种组合导航系统获得了广泛的应用。本节主要介绍以卫星为主的组合式导航系统。

1. 卫星导航系统

卫星导航系统是以人造卫星作为导航台的天基无线电导航系统,能为全球陆、海、空、天的各类军民载体,全天候、24 小时连续提供高精度的三维位置、速度和时间信息。典型的卫星导航系统包括美国的 GPS 系统、俄罗斯的 GLONASS、全球卫星系统(GNSS)、欧洲联合发展的"伽利略"系统 GALILEO 和我国的北斗卫星系统。这里主要介绍全球卫星定位系统,即 GPS 系统。

GPS 的英文全称为 Global Posting System,中文名字为全球卫星导航定位系统,简称 GPS。由于它的精确性、连续性和全球性,因而 GPS 可以提供完美的卫星导航服务,满足航空用户的许多要求。

卫星导航的主要任务是实现用户的定位。今天的 GPS 已经成为军用、民用导航、定位的主要技术手段,作为一种全球的卫星导航定位系统,能够连续不间断地为每一次飞行提供高精度全天候的地理信息。由于以空间为基地的定位和导航可以在飞行的所有阶段确定三维的位置,从起飞、飞行和降落,到机场的地面导航,所以,世界各地的飞行员均可利用 GPS 来提高飞行安全和效率。

全球卫星定位(导航)系统(GPS)是以全球 24 颗定位人造卫星为基础,向全球各地全天候地提供三维位置、三维速度等信息的一种无线电导航定位系统。

(1) GPS 系统的组成

GPS 系统由空间部分、地面控制部分和用户设备部分等三部分组成。同时系统还具有天线以及接收两个单元。

1) 空间部分

GPS 的空间部分是由 24 颗工作卫星组成的,它们位于距地表 20 200 km 的上空,均匀分布在 6 个轨道面上(每个轨道面 4 颗),轨道倾角为 55°。此外,还有 4 颗有源备份卫星在轨运行。卫星的分布使得在全球任何地方、任何时间都可观测到 4 颗以上的卫星,并能保持良好定位解算精度的几何图像,卫星可向用户设备连接发射带有导航数据、测距码和精确时间的无线电信号,提供在时间上连续的全球导航能力。

2) 地面控制部分

地面控制部分由 1 个主控站,5 个全球监测站和 3 个地面控制站组成。监测站均配装有精密的铯钟和能够连续测量到所有可见卫星的接收机。监测站将取得的卫星观测数据,包括电离层和气象数据,经过初步处理后,传送到主控站。主控站从各监测站收集跟踪数据,计算出卫星的轨道和时钟参数,然后将结果送到 3 个地面控制站。地面控制站在每颗卫星运行至上空时,把这些导航数据及主控站指令注入到卫星。这种注入,对每颗 GPS 卫星每天一次,并在卫星离开注入站作用范围之前进行最后的注入。如果某地面站发生故障,那么在卫星中预存的导航信息还可用一段时间,但导航精度会逐渐降低。

3）用户设备部分

用户设备部分即 GPS 信号接收机。其主要功能是能够捕获到按一定卫星截止角所选择的待测卫星，并跟踪这些卫星的运行。当接收机捕获到跟踪的卫星信号后，计算出的距离值称为伪距（因为这种距离是通过时间测量得出的，而非直接测量出的），由测量出的接收天线至卫星的伪距离和距离的变化率，解调出卫星轨道参数等数据。根据这些数据，接收机中的微处理计算机就可按定位解算方法进行定位计算，计算出用户所在地理位置的经纬度、高度、速度、时间等信息。接收机硬件和机内软件以及 GPS 数据的后处理软件包构成完整的 GPS 用户设备。GPS 接收机的结构分为天线单元和接收单元两部分。接收机一般采用机内和机外两种直流电源。设置机内电源的目的在于更换外电源时不中断连续观测，在用机外电源时机内电池自动充电。关机后，机内电池为 RAM 存储器供电，以防止数据丢失。各种类型的接收机，体积越来越小，质量越来越轻，便于野外观测使用。

4）天线单元

它由接收天线和前置放大器两个部分组成。接收天线大多采用全向天线，可接收来自任何方向的 GPS 信号，并将电磁波能量转化为变化规律相同的电流。前置放大器可将极微弱的 GPS 信号电流予以放大。

5）接收单元

信号波道和微处理机构成接收单元的核心部件。从目前的侧地型接收机来看，主要有平方型和相关型两种信号波道，所具有的波道数目从 1 到 24 个不等。利用多个波道同时对多个卫星进行观测，实现快速定位。微处理机具有各种数据处理软件，能选择合适的卫星进行测量，以获得最佳的几何图形；能根据观测值及卫星星历进行平差计算，求得所需的定位信息。

（2）GPS 的基本工作原理

GPS 定位原理是以 GPS 卫星和用户接收机天线之间的距离观测量为基准，根据已知的卫星瞬时坐标来确定用户接收机天线的位置。

GPS 定位原理所基于的最基本的概念是将空间的卫星星座或一组卫星作为精确的参考点，使用这些参考点进行三角测量和距离修正。也就是说，可将导航卫星看成是系统设置在空间的导航台。通过导航卫星向外发射卫星在空间的位置，这种任意时刻由卫星发射的一组组时空数据称为卫星星历。用户接收机上安装了时钟，用户在接收到导航卫星的星历之后，与自身时钟的时间对比，便可获得发送时间与接收时间的时差，将时差乘以光速，即可得到与卫星之间的距离。通过这种方法计算出的这种距离由于并非直接测量而是通过时间测量得出的，故称为伪距。以 GPS 卫星和用户接收机天线之间的距离观测量为基准，根据已知的卫星瞬时坐标即可确定用户接收机天线的位置。除了知道卫星的距离，接收机还需要知道卫星在空间的确切位置，即所谓的"星历表"。每颗卫星都传输关于其确切轨道位置的信息，接收机利用这种信息来确定卫星的精确位置。

GPS 星座采用 24 颗卫星,以此保障地球上任何地方的用户都可以看到 5 颗以上的卫星。GPS 使用计算出来的伪距和卫星提供的位置信息,来计算出自身的位置。在实际应用中,用户机由于受空间和能源的限制,一般采用精度较差的石英钟,因此不能做到与卫星时钟完全同步,由此便存在时钟差,由此计算出来的距离与真正的值相比就会有较大的误差。为消除这一误差,GPS 在测距时便同时接收 4 颗卫星信号,即把时钟差信号 Δt 也作为一个未知数,一起解算,从而保障了相当高的定位精度。GPS 接收机通过使用飞机的经、纬度并把它们与接收机中的数据库进行对比,计算出包括相当于某一航路点的距离和方位等的导航信息。

依靠 GPS 作为今天和明天的空中交通管理系统的基础是许多国家计划的一个重要部分。同时,GPS 还是许多其他航空系统的一个关键组成部分,例如增强的地面接近警告系统(EGPWS)就已经被证明可以成功地减少受控制飞行撞击地面的危险性,而这也是减少飞机撞地措施的主要途径之一。

2. GPS/INS 组合导航系统

GPS/INS 组合导航系统自 20 世纪 80 年代以来,分别在飞机、导弹和舰船上获得了广泛的应用。

GPS 和惯导系统组合有互补功能。惯导系统是航程推算系统,其主要优点是高度自主性,缺点是位置误差是随时间积累的。GPS 单独使用时,容易出现信号丢失现象,原因可能是敌方干扰、天线遮挡、飞机高机动飞行等,而且导航数据更新率不高(约每秒一次)。GPS 和惯导系统最优组合起来,意味着惯导系统可利用 GPS 稳定的高精度信息补偿陀螺漂移及其他误差源造成的位置误差;GPS 利用惯导系统信息辅助,提高接收机的抗干扰能力和高动态信号的跟踪能力。目前嵌入式 GPS/INS 组合导航更具吸引力。所谓嵌入式 GPS/INS 也称紧耦合的 GPS/INS,它是把 GPS 接收机嵌于 INS 机箱内,机箱能提供足够的屏蔽,防止敌方窃听,因而允许 GPS 通过数据总线把伪距和伪距率信号输给 INS。今天的 GPS/INS 组合导航主要应用于军用、民用航空,一般用于飞机的航路导航和预警机及战斗机的任务导航,也可用于航海和陆地车辆导航。差分 GPS 与惯导的组合还可用于飞机的进场着陆。

GPS/INS 根据不同的应用技术,依据 GPS 接收机和惯性导航系统组合的不同方式,可有不同的组合深度。按组合深度的不同,可将 GPS/INS 组合导航系统大体分为浅组合和深组合两大类。

(1) 浅组合

浅组合的原理如图 6.21 所示,以 GPS 和 INS 输出的位置和速度信息的差值作为量测值,通过卡尔曼滤波器估计出惯导系统的误差,然后对 INS 进行校正。这种组合模式的特点是工作比较简单,便于工程实现;而且两个系统仍是独立工作,使得导航信息具有余度。缺点是众所周知的鲁棒性差。

(2) 深组合

深组合的原理如图 6.22 所示,由 GPS 给出的星历数据与惯性导航系统给出的

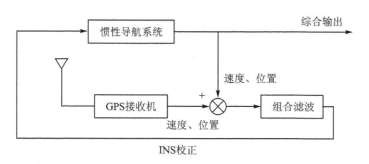

图 6.21　浅组合原理图

位置和速度参数,解算出对应于惯导系统位置和速度的伪距和伪距率;将伪距和伪距率与 GPS 接收机测得的伪距和伪距率相比较,其差值作为观测量进行卡尔曼滤波,估计惯导系统和 GPS 的误差值;然后对两个系统进行输出校正,以提高导航的精度。

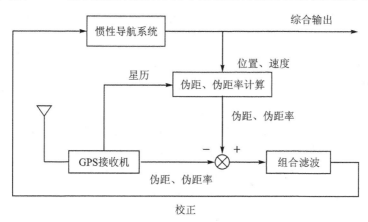

图 6.22　深组合原理图

　　GPS 和惯性导航组合导航系统可改善系统的导航精度。惯性导航的误差随着时间的积累而增大,采用高精度的 GPS 来修正 INS,可控制其误差随时间的积累。GPS 用来提供位置和速度信息,有利于提高惯性系统的精度。反过来,在卫星覆盖不好的时段内,惯性导航可帮助 GPS 提高精度。所以一方面,GPS/INS 导航误差比单独的导航仪或导航系统的误差都要小。另一方面,卫星导航易受信号的干扰,当GPS 信号的跟踪成为不可能时,或当卫星系统接收机出现故障时,惯导系统可以进行导航定位。惯导系统信号也可用来辅助 GPS 接收机天线的方向瞄准 GPS 卫星,以减少干扰对系统工作的影响。

　　在组合导航系统中,主要利用导航系统的速度信号解决动态跟踪问题,而高精度的定位则由 GPS 来实现。导航系统的高价格一直限制了其广泛的应用,采用 GPS 与其的综合则可降低一些对惯性导航系统的要求,即可采用相对性能较低的惯导系统。

6.7.3 现代民机的惯性导航系统

随着科学技术的飞速发展,惯性导航系统在航空领域、特别是在现代大型民用客机上得到了广泛的应用。就民航的大、中型飞机说来,如波音747-400、波音757、波音767、波音737-300,空中客车A300-600、A310,A320,以及波音777飞机上均装备了激光陀螺惯性基准系统。这种系统实际上就是使用激光陀螺的捷联式惯导系统。这种广泛应用的惯性导航系统作为机上的中心信号源,不仅在巡航飞行阶段为自动驾驶仪提供导航参数和导引数据,而且还给飞行控制器和仪表系统提供高精度的姿态数据和角速度数据。本节将这种现代民机上广泛应用的采用激光陀螺的捷联式惯导系统作一介绍。

激光陀螺惯性基准系统由惯性基准组件、方式选择组件和控制显示组件组成。但是在不同飞机上有不同组合。目前基本上有两种组合形式:以波音737-300飞机上装备的为一种形式;波音757、波音767、波音777和A320飞机上装备的为另一种形式。下面分别介绍这几种飞机上的惯性基准系统。

1. 波音737-300飞机惯性基准系统简介

波音737的惯性系统能计算出飞机位置、地速和姿态数据并传送给飞行仪表、飞行管理系统、自动驾驶系统和其他系统。

波音737-300飞机装备的惯性基准系统由2个惯性基准组件(IRU)、1个公用的惯性基准显示组件(ISDU)、1个公用的方式选择组件(MSU)、2个数字模拟转换器以及1个惯性基准系统转换电门等部分组成。图6.23展示了这个系统的组成,以及它与飞行管理系统、大气器数据系统的连接关系。

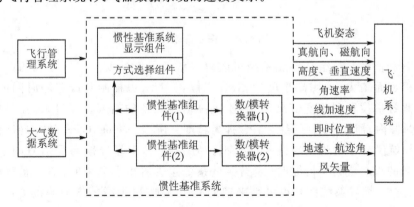

图 6.23 波音 737-300 飞机惯性基准系统的组成

首先,与平台式惯导系统比较,该系统多了2个数/模转换器。由于飞机选用的飞行仪表为机电式仪表,而惯性基准系统输出的信号是数字量,故而需要将这种数字量转换成模拟量,以满足仪表显示和处理信号的需要。另外,大气数据系统向惯性基准系统提供的输入信号多为模拟量,也需要将其转换为数字量,以满足惯性基准系统参数解算的需要。

波音 737 - 300 飞机的惯性基准系统中的 2 个独立的惯性基准组件 IRS,每个有 3 套激光陀螺和加速度表。除备用姿态指示器和备用磁罗盘外,IRS 是飞机唯一的姿态和航向信息源。

在正常导航方式下,IRS 向飞机各有关系统提供姿态、真航向和磁航向、加速度、垂直速度、地速、航迹、现在位置以及风的数据。

IRS 在进入导航方式之前,IRS 必须校准并用飞机现在位置作为起始位置。通常用 CDU 输入现在位置。如果不能从 CDU 输入现在位置,则可以通过 IRS 显示组件(ISDU)键盘输入。在校准期间,飞机必须保持静止。

惯性基准系统采用交流或直流电源工作。交流电源不正常时,任一或两部系统会自动转换到来自热电瓶汇流条的备用直流电源。

惯性基准系统通常由飞行管理系统和大气数据系统完成现在位置或磁航向的输入。也可通过惯性基准系统显示组件输入。

惯性基准显示组件(ISDU),根据显示选择电门和系统选择电门的位置显示数据。惯性基准系统显示组件还包含一个键盘,可以输入现在位置和航向。

惯性基准系统的方式选择组件(MSU),用于选择每套惯性基准系统的工作方式。方式选择组件的指示灯可指示每套惯性基准系统的状态。

2. 波音 757/767 飞机惯性基准系统简介

如图 6.24 所示为波音 757/767 飞机惯性基准系统的组成。

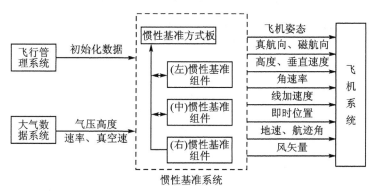

图 6.24　波音 757/767 飞机惯性基准系统组成

波音 757/767 飞机惯性基准系统由 3 个惯性基准组件、1 个公用的惯性基准方式板组成。

惯性基准组件是惯性基准系统的重要组件,它的外形如图 6.25 所示。

在惯性基准组件的前面板上有一个故障球形指示器,当球的颜色为黑色时,说明系统正常;当颜色为黄色时,说明系统有故障。总时间指示器可指示惯性基准组件已

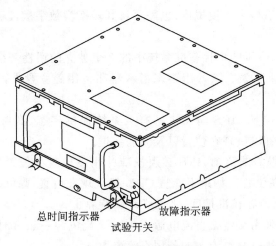

总时间指示器　故障指示器
试验开关

图 6.25　惯性基准组件的外形

使用的时间。该组件使用两种电源:15 V、400 Hz 交流电和 28 V 直流电。任何一种电源均可维持其工作,但在开始启动时,两种电源都必须具备。

惯性基准组件内部的部件主要有:3 个激光陀螺、3 个挠性加速度计组成的惯性组件。该组件固联于箱体上,分别沿飞机轴安装,其结构关系如图 6.26 所示。

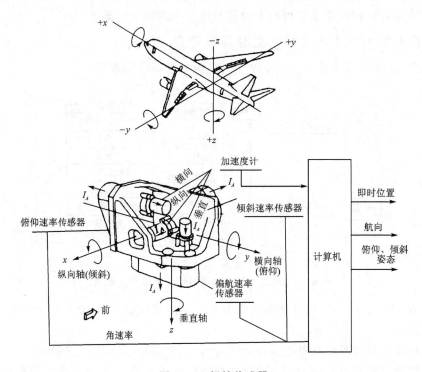

图 6.26　惯性传感器

在惯性基准组件上还有不同功用的电
子插件,其中主要有:电源组件、陀螺电子线
路、加速度计电子线路、输入电子线路、输出
电子线路、A/D 转换和多路调制器、计算机
和存储器、测试设备电子线路。

惯性组件在不同型号飞机上可有不同
的安装方式,其相对关系如图 6.27 所示。

公共的惯性方式板又分为两个组件:显
示组件和方式选择组件(选择开关有 4 个位
置:断开、对准、导航及姿态)。

由图 6.28 看出,向惯性基准系统输入
信号的设备有大气数据计算机和飞行管理
计算机系统。

大气数据系统向惯性基准系统输入气
压高度、速率和真空速。前两个参数用来与
惯性系统的垂直通道组合,计算飞机的高度

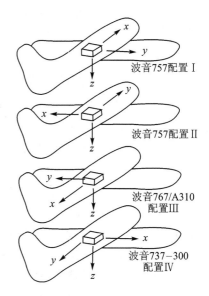

图 6.27　惯性传感器在飞机上的安装

和垂直速度;而输入真空速主要用来计算风速、风向、偏流角等。飞行管理计算机可
以用来向惯性基准系统引入起始数据,同时,惯性基准系统也向它提供数据。

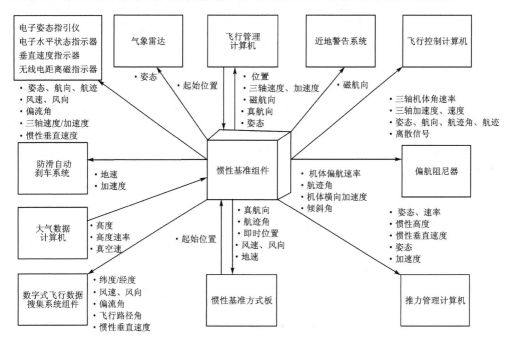

图 6.28　波音 757、767 飞机惯性基准系统联接方块图

波音 757/767 飞机的惯性基准系统作为飞机上的中心信号源,与飞机上其他系统有着复杂的交联关系。该惯性基准系统与飞机上其他系统的连接及向各系统提供的参数如图 6.28 所示。

3. 波音 777 飞机上的惯性导航系统简介

波音 777 使用了新一代航空电子系统,如大气数据惯性基准系统等。

ADIRS 将大气数据系统和惯性基准系统合并成两个航线可更换组件(LRU),它们是大气数据惯性基准组件(ADIRU)和备用姿态大气数据基准组件(SAARU)。因为系统只有两个主 LRU,所以使设备质量更轻,从而增加了有效载荷或减少了燃油消耗。ADIRS 的高可靠性也降低了维护的需要和对备件的需要。

大气数据惯性基准系统 ADIRS 包括 1 部 ADIRU、1 部 SAARU、8 个大气数据模块(ADM)、1 部备用姿态指示器和 1 部大气数据传感器。

ADIRS 的功用与 3 部 IRU、2 部 ADC 及压力、温度和迎角传感器组成的系统的功能一样,ADIRS 将大气数据惯性基准的主要信息、辅助信息和备用信息输送到驾驶舱显示器、飞行控制器、自动驾驶系统和其他系统上。

① ADIRU 使用了 6 个环形激光陀螺传感器、6 个线性加速度传感器、4 个程序处理器、3 个电源组件和 3 个双通道 ARINC629 接口,环形激光陀螺沿着 6 根互不平行的、对称倾斜的轴安装,使系统能够具有更好的抵抗故障的能力。

② IRU 功能:大气数据惯性基准组件(ADIRU)提供的角速率和线性加速度传感器给出的信号与大气数据输入一起计算后给出姿态、位置航向等数据。如果大气数据惯性基准组件出现故障,则所有的 IRU 功能可由 4 个陀螺、4 个加速度计及 2 个电源、1 个程序处理器和 1 个单 ARINC629 接口来完成。

③ 大气数据模块(ADC)功能:ADIRU 的 4 个程序处理器从大气数据模块得到大气数据。ADIRU 给出下列大气数据输出:高度变化率、气压高度、计算空速等。

④ 备用姿态大气数据基准组件(SAARU)功能:SAARU 给备用姿态指示器提供俯仰和倾斜姿态。它也为 PFD、PFCS、AFDS 及其他飞行系统提供备用的惯性导航源及大气数据源。

4. 空客 A320 飞机惯性基准系统简介

A320 系列飞机采用惯性导航、无线电导航或惯性导航、卫星导航的组合导航方式,其中惯性导航系统采用捷联式惯性导航系统。系统的核心部件为 3 个惯性基准组件(IR),每个惯性基准组件与相应的大气数据基准组件(ADR)组合在一起,称为大气数据惯性基准组件(ADIRU)。每个 IRU 内均有 3 个激光陀螺和 3 个加速度计,分别用来测量绕飞机三轴的角速度和沿飞机三轴的线加速度,测得的加速度信号经微处理器计算后,可以得到飞机所需的各种各样的导航参数,这些参数一方面在各显示仪表上显示,供飞行人员使用,另一方面传送至其他许多系统和设备,以完成特定的功能。

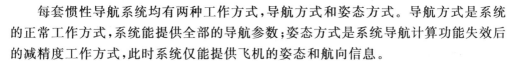

每套惯性导航系统均有两种工作方式,导航方式和姿态方式。导航方式是系统的正常工作方式,系统能提供全部的导航参数;姿态方式是系统导航计算功能失效后的减精度工作方式,此时系统仅能提供飞机的姿态和航向信息。

如前所述,惯性导航系统在进入导航工作方式前,必须进行校准,即前面所讲的对准。这是因为惯导系统采用的是积分计算,所以在进行计算前,系统必须知道飞机的初始状态。在校准过程中,系统寻找飞机所在处的地垂线,并确定当地的真北方位,从而获得飞机的初始姿态和初始方位信息。惯性导航系统通常有两种校准方式:正常校准和快速校准(又称反转校准)。

正常校准:飞机停在地面通电后,将惯导控制显示组件 ADIRS 控制面板(CDU)上的方式选择旋钮从 OFF(关)位拔出置 NAV(导航)位,系统在进行 5 秒钟的电瓶测试后即进入正常校准,这时 CDU 控制面板上校准(ALIGN)灯稳定地点亮,飞机中央电子监控(ECAM)显示屏显示 IRSINALIGN7 信息。此时,ADR 提供的计算空速(CAS)、垂直速度(V/S)和气压高度(ALT)数据在正、副驾驶员位主飞行显示器(PFD)上显示。

惯性导航系统的正常校准一般需 10 分钟,校准过程主要分为如下三个阶段:

(1) 水平粗校准

正常校准的头 30 秒为水平粗校准阶段,主要利用加速度计测量飞机的姿态角,即俯仰角和倾斜角。

30 秒后,飞机的俯仰角和倾斜角被计算出来,正、副驾驶位的 PFD 上姿态旗消失,飞机符号及空地球出现,俯仰、倾斜刻度及指示被显示。

(2) 陀螺—罗盘(或方位角)处理及水平精校准

此阶段至少需要 9 分 30 秒,主要用于测量飞机的真航向角,并使用地球自转角速度的垂直分量计算出飞机所在处的纬度。

激光陀螺和加速度计的误差对系统精度至关重要,目前一般利用现代控制理论中的卡尔曼滤波技术对激光陀螺和加速度计进行误差处理和补偿,以达到精校准所需要的精度要求。

(3) 输入位置数据处理

在正常校准中,飞机所在处的经纬度位置可从 CDUADIRS 控制面板或多功能控制显示组件(MCDU)上输入。正常校准约 5 分钟后,真航向角被测定出来,如果此时已输入飞机有效的经纬度位置,则机长和副驾驶位的 PFD、ND(导航显示器)上航向旗消失,航向标尺和航向指示符出现。

如果上述三项测试均能通过,则人工输入的经纬度值被系统接收,10 分钟后校准结束,CDUADIRS 控制面板上 ALIGN 灯熄灭,系统进入导航工作方式。

快速校准:当飞机停在地面上或地速小于 20 节时,在 CDU、ADIRS 控制面板上将 IR 方式选择旋钮在 5 秒内从 NAV 位调置 OFF 位后再调置 NAV 位,即可对系统进行快速校准。快速校准约需 1 分钟时间,并仍需输入飞机有效的经纬度位置。这

航空机载仪表系统与设备

里说明一下,现在的惯导不需要输入经纬度位置。

在快速校准中,所有的计算速度被置零,并使用上一次导航方式中飞机有效的姿态和航向数据进行精调。

通常当飞机执行完一个航班后,如果还要继续飞行,或者当机场流量控制导致飞机停留原地等待了较长时间时,要消除系统的积累误差,机组不必重新进行正常校准,通过快速校准即可在很短时间内消除误差。

激光陀螺惯性导航系统可靠性较高,平均无故障时间(MTBF)通常可达上万飞行小时,在两年的 A320 飞机维护工作中发现,该系统较少出现故障。一般当系统出现故障时,系统内部软件能有效地探测到 CDU 和 ADIRS 控制面板上的 FAULT(故障)灯点亮,ECAM 显示屏上出现故障信息,显示设备上出现相应的故障旗,一些导航参数消失。

从波音 777 和空客 A320 两种飞机的惯导系统分析可以看出,B777 较 A320 在惯导系统的备份工作以及容错性、故障应对程序上都相对出色和先进,可看出民航客机在惯导系统的研制上的不断发展和进步,同时说明了惯性导航系统对于民航安全飞行的作用尤为重要。

6.8 惯性导航技术的发展

惯性导航是综合性技术,随着现代微电子技术、计算机技术、控制理论的发展及新成果在惯性导航技术领域中的应用,惯性导航技术也将有新的发展。

1. 以经典力学为基础的惯性元件(器件)将逐渐被非经典力学类的惯性元件(器件)所取代

一类是光学陀螺(激光陀螺、光纤陀螺)。目前激光陀螺的捷联式惯性基准系统已投入了应用。激光陀螺由于具有许多特点,所以非常有利于在捷联式惯性导航中应用。

① 由于激光陀螺没有活动部件,因而坚固、可靠、耐冲击,抗加速度性能好。

② 具有非常宽的测量范围(从 $0.01(°)/h$ 以下~$1\,000(°)/s$ 以上的输入速率),同时对线运动不敏感,可避免交叉耦合误差。

③ 启动时间短,准备时间几乎是瞬间的,例如对应于 $0.5(°)/h$ 的性能的系统,准备时间小于 $50\,ms$。

④ 直接输出数字量,便于与计算机连接。

⑤ 寿命长,可靠性高。

正因有上述特点,激光陀螺已在新机研制中取代了机电型陀螺仪。

光纤陀螺与激光陀螺相比,光纤陀螺结构简单且有多种形式,不需专门的高压电源,因而功耗小,易于微型化。尤其是光纤陀螺技术所带来的更高可靠性和长寿命对于民用飞机导航市场格外重要。如今,诺斯罗普·格鲁门公司的 MEMS 加速度计和激光陀螺惯性基准单元 LTN - 101E 均被 A380 飞机选用,激光陀螺构成的航姿基准系统也已大量装备支线飞机。

2. 微型固态惯性传感器的发展

一类是微型化固态惯性传感器。这些惯性传感器将集成电路与新型传感器技术结合起来,在一块单晶硅片上做出陀螺和加速度计。从微惯性传感器到微综合系统,全方位实施微型化,降低功耗并提高精度,这些惯性器件的研究与实现,将不仅给惯性导航技术带来变革,而且会大大拓宽惯性技术的应用范围。

3. 实现惯性导航系统的微小型化

目前激光陀螺和光纤陀螺惯性技术已经非常成熟,有效地提高其性能,进一步小型化和降低成本,提高惯性测量单元的性能、减小体积、减轻质量和降低功耗,实现惯性导航系统的微小型化将是研究的方向。

随着飞机数量的增加、对导航精度的要求提高,对惯性导航系统微小型化方面的要求也更高了。目前发达国家的惯性技术研制重点已经转移至新兴惯性传感器和传统惯性传感器的小型化和低功耗上。实现微型惯性导航技术,首要的是要提高惯性测量单元的性能、减小体积、减轻质量与降低功耗,即对部件的微小型化和低成本等要求愈来愈高,例如对激光器微小型化和性能的改进等。

4. 平台惯导系统被捷联式激光陀螺惯性基准系统所替代

激光陀螺捷联式惯性导航系统体积、质量和成本仅为同等性能水平的平台惯性导航系统的一半或 1/3,因此备受各国青睐。据有关资料报道,美国军用惯导系统1984 年全部为平台式,到 1989 年已有一半改为捷联式,而到 1994 年,捷联式已占90％。由此可见,平台惯导系统向捷联式激光陀螺惯性基准系统的发展已成趋势。捷联式惯导系统的发展特点归结起来具有三个方面:

(1) 性价比高

与平台式惯导系统相比,其体积、质量、制造成本都占优势,其维护费用与购置费用也低于平台式惯导系统。统计表明,1 飞行小时的费用,捷联式激光陀螺惯性基准系统比机电型陀螺系统低 3～7 倍。

(2) 可靠性高

由于取消了机械平台,减少了惯导系统中的零件,因此故障率低。据报道,按100 套惯导系统统计,采用液浮陀螺的平台系统,故障率为每百万小时 1 831.6 次,采用动力调谐陀螺的平台系统,故障率降至每百万小时 955.6 次;采用捷联式结构后,故障率只有每百万小时 764.4 次。

还应该提到的是,捷联式惯导系统容易采用测量元件实现余度配置,如波音 777飞机即采用了 6 个惯性元件的斜置技术。因此,捷联惯导基准系统可靠性获得了很大的提高。

5. 以惯性导航为主的组合导航系统的应用

惯性导航系统可以自主地提供完整的导航参数,尤其是可输出飞机的姿态参数,但是由于它具有定位误差随工作时间不断积累的缺点,因此,这种系统在比较短的工作时间内精度高,但工作时间越长,定位误差越大。例如,陀螺漂移 $\varepsilon_x = 0.01(°)/h$,若工作时间 $t = 1\ h$,则引起的定位误差为

$$\Delta y \approx R\varepsilon_x t = \frac{6\ 400 \times 0.01}{57.3}\ km \approx 1.12\ km$$

可见,纯惯导系统不能满足远程、长时间飞行的导航精度要求。为提高惯导系统精度,可以通过两条技术途径:一是提高惯性元件制造精度,或探索新型惯性元件;二是采用组合导航技术,发展以惯导系统为主,辅之以其他导航系统,这被认为是导航技术的发展方向。

组合导航的形式有多种,其中有全球定位系统(GPS)与惯导系统(INS)组合,惯性与图像匹配组合的导航技术。

惯性与图像匹配组合导航是预先把可测量的与时间无关的地形变量数值编成"数字地图",存储在飞机上的计算机中,当飞机飞越该地区时,对地形再次进行测量,若飞行中所测得的数字地图与原先测量编制好的数字地图失配,则计算机会发出修正航线的指令,使飞机按预设航线飞行;若测得的地图与原先测量编制好的数字相匹配,则飞机保持正确的飞行。单纯的数字地图不能提供任何导航信号,只有通过与惯导系统的匹配技术,组合成为一种导航系统,实现互补,才能提高导航精度。

6. 惯性导航系统将向多功能惯性基准系统发展

在先进的战斗/攻击机机载设备中,要实现飞行控制、导航、武器投放、发动机控制、座舱显示等,惯性导航数据是必不可少的,惯性导航数据为各个分系统提供基准。因此,现在提出用"惯性基准系统"(IRS),而不是"惯性导航系统"(INS)来描述系统的多种功能。这类系统既要求具有导航的功能和精度,也要求满足飞行控制的动态范围,此外,还应满足武器投放所要求的速度精度。

复习题

1. 叙述惯性坐标系、地球坐标系、地理坐标系、机体坐标系的定义。

2. 叙述惯导系统的基本概念并说明系统的功用和特点。

3. 分析惯导系统的基本原理并说明惯导系统输出哪些主要参数。

4. 阐述线加速度传感器的组成结构和工作原理。

5. 什么是比力？比力如何表示？

6. 加速度计测量值与飞机相对地球加速度值是什么关系？

7. 说明惯性导航系统基本导航方程中各项的物理意义。

8. 说明平台式惯导系统的组成和各部分的功用。

9. 画出水平平台式惯导系统的原理方框图，并说明其工作原理。

10. 指北方位惯导系统中高度通道有什么问题，如何解决？

11. 什么叫初始对准？分析水平粗对准的原理并说明对准过程中为什么飞机不能动？

12. 说明"对准"和"导航"两种状态的概念。

13. 说明为什么只有"对准"状态结束后才可转到导航状态？

14. 说明捷联式惯导系统的基本组成。

15. 画出捷联式惯导系统的原理方块图，说明其基本工作原理。

16. 说明平台式和捷联式惯导系统的异同点。

17. 简述惯性导航系统和机上其他设备的关系。

18. 惯性导航系统存在什么问题？如何解决这一问题？

19. 目前组合导航有哪几种形式？

参考文献

1. 王世锦.飞机仪表.北京:科学出版社,2016.
2. 马文来,术守喜.民航飞机电子电气系统与仪表.北京:北京航空航天大学出版社,2015.
3. 宫淑丽.民航飞机电子系统.北京:科学出版社,2015.
4. 林坤.航空仪表与显示系统.北京理工大学出版社,2015.
5. 何晓薇,徐亚军.航空电子设备.成都:西南交通大学出版社,2014.
6. [英]Collinson R P G.航空电子系统导论.史彦斌,高宪军,王远达,译.北京:国防工业出版社,2013.
7. 赵廷渝,朱代武,杨俊.飞行员航空理论教程.成都:西南交通大学出版社,2012.
8. 马银才,张兴媛.航空机载电子设备.北京:清华大学出版社,2012 .
9. [美] John F Welch, Lewis Bjork, Linda Bjork.现代飞行技术.北京:国防工业出版社,2011.
10. 金德琨,等.民用飞机航空电子系统.上海:上海交通大学出版社,2011.
11. 宫经宽.航空机载惯性导航系统.北京:航空工业出版社,2010.
12. [英]伊恩·莫伊尔,阿伦·西布里奇,范秋丽,等.民用航空电子系统.北京:航空工业出版社,2009.
13. 霍曼.飞速发展的航空电子.北京:航空工业出版社,2007.
14. 朱新宇,王有隆,胡焱.民航飞机电气仪表及通信系统.成都:西南交通大学出版社,2006.
15. FAA Written Exam/Irvin N. Gleim, ATP Airline Transport Pilot, First (1991-1993) ed.
16. [美] Paul E Illman.飞行员航空知识手册.王同乐,杨新涅,译.北京:航空工业出版社,2006.
17. 吴森堂,费玉华.飞行控制系统.北京:北京航空航天大学出版社,2005.
18. 樊尚春,吕俊芳,张庆荣,等.航空测试系统.北京:北京航空航天大学出版社,2005.
19. 王有隆.航空仪表.成都:西南交通大学出版社,2001.
20. 以光衢.航空机载电子系统与设备.北京:北京航空航天大学出版社,1997.
21. 王成豪.航空仪表.北京:科学出版社,1992.
22. U. S. Jphn S. Duncan. Pilot's Handbook of Aeronautical Knowledge.